早起的奇迹

有钱人早晨8点前都在干什么？

Hal Elrod　　*David Osborn*　　*Honorée Corder*

［美］哈尔·埃尔罗德　大卫·奥斯本　霍诺丽·科德　/ 著

曹烨　/译

MIRACLE
MORNING
MILLIONAIRES

中国科学技术出版社

·北　京·

Miracle Morning Millionaires: What the Wealthy Do Before 8 A.M. That Will Make You Rich
by Hal Elrod and David Osborn with Honorée Corder
Copyright © 2018 by Hal Elrod
Simplified Chinese edition Copyright © 2023 by **Grand China Publishing House**
Published by arrangement with Park & Fine Literary and Media, through The Grayhawk Agency Ltd.
All rights reserved.
No part of this book may be used or reproduced in any manner what without written permission
except in the case of brief quotations embodied in critical articles or reviews.

本书中文简体字版通过 **Grand China Publishing House**（中资出版社）授权中国科学技术出版社有限公司在中国大陆地区出版并独家发行。未经出版者书面许可，不得以任何方式抄袭、节录或翻印本书的任何部分。

北京市版权局著作权合同登记　图字：01-2023-0623。

图书在版编目（ＣＩＰ）数据

早起的奇迹：有钱人早晨 8 点前都在干什么？／（美）哈尔·埃尔罗德，（美）大卫·奥斯本，（美）霍诺丽·科德著；曹烨译 . -- 北京：中国科学技术出版社，2023.7（2025.1 重印）

书名原文：Miracle Morning Millionaires
ISBN 978-7-5236-0043-6

Ⅰ . ①早… Ⅱ . ①哈… ②大… ③霍… ④曹… Ⅲ . ①成功心理－通俗读物 Ⅳ . ① B848.4-49

中国国家版本馆 CIP 数据核字 (2023) 第 067836 号

执行策划	黄　河　桂　林
责任编辑	申永刚
策划编辑	申永刚　屈昕雨
特约编辑	魏心遥
封面设计	东合社·安宁
版式设计	王永锋　孟雪莹
责任印制	李晓霖

出　　版	中国科学技术出版社
发　　行	中国科学技术出版社有限公司
地　　址	北京市海淀区中关村南大街 16 号
邮　　编	100081
发行电话	010-62173865
传　　真	010-62173081
网　　址	http://www.cspbooks.com.cn

开　　本	787mm×1092mm　1/32
字　　数	171 千字
印　　张	9
版　　次	2023 年 7 月第 1 版
印　　次	2025 年 1 月第 3 次印刷
印　　刷	深圳市精彩印联合印务有限公司
书　　号	ISBN 978-7-5236-0043-6/B·133
定　　价	62.00 元

（凡购买本社图书，如有缺页、倒页、脱页者，本社销售中心负责调换）

TO ALL MY READERS,
THANK YOU FOR ALLOWING
ME TO SHARE THIS BOOK WITH
YOU & WELCOME TO THE
CHINESE VERSION OF THE
MIRACLE MORNING!

WITH GRATITUDE,

亲爱的中国读者们：

谢谢你们给我机会分享这本书！同时欢迎翻开《早起的奇迹：有钱人早晨 8 点前都在干什么？》，开启你们的阅读之旅。

非常感谢！

哈尔·埃尔罗德

现象级畅销书《早起的奇迹》（*The Miracle Morning*）作者

自我投资的最佳工具，

就是精神百倍地迎接每个日出，

永不缺席。

—

罗伯特·清崎（Robert Kiyosaki）
畅销书《富爸爸穷爸爸》（*Rich Dad Poor Dad*）作者

哈尔简直是个天才，《早起的奇迹》给我的生活带来了奇迹。书中不仅提供了最好的个人成长计划，重塑了数世纪以来人们对于改变的认知，还为读者提供了最有效的个人提升项目。现在，这些项目已经变成我每天早上的必做之事。

杰弗里·吉特默（Jeffrey Gitomer）
畅销书《销售圣经》（*The Sales Bible*）作者

哈尔完全可以称得上是励志典范，他不仅总结了自己传奇经历中的经验，还教你如何创造自己的奇迹。

赖德·卡罗尔（Ryder Carroll）
"子弹笔记"创始人

你如果不相信奇迹，就不会遇到哈尔。在生活和工作中，他都表现出色。现在，他将向你展示如何做到这一点。

蒂姆·桑德斯（Tim Sanders）
雅虎前首席问题官
畅销书《魅力赢天下》（*The Likeability Factor*）作者

每隔一段时间，你都可能读到一本改变你人生观的书，但很少能遇到一本能真正改变你生活方式的作品。早起可以改变你的人生，它的神奇超乎你想象。

帕特·弗林（Pat Flynn）
《一起出发》（*Let's Go*）作者

我以前喜欢熬夜，从没有过早起的念头。既然熬夜也能活得井然有序，那为什么还要改变呢？当耐心地听完亲身实践者讲述早起是如何帮助他们获得成功、调节情绪和改变人生的故事后，我决心按照本书介绍的方法尝试早起。现在我至少已经坚持了 3 周，不仅注意力和情绪发生了积极改变，而且也知道如何发挥自己的潜力了。

青青　早读主播（湖南长沙）

　　5 年前，我经历人生低谷，《早起的奇迹》仿佛一束光照亮了我，使我成为晨型人：听书、跑步、冥想、早读直播、早读社群，践行早起 1 800 天让我有了个人品牌，也创造了财富奇迹。而哈尔的这本新书教我们获得财富，让我们成为自律、清醒、快乐的晨型有钱人。

刘君　行政人员（早起俱乐部 1 群　陕西西安）

　　人生最值得骄傲的，莫过于拥有一段为梦想打拼的经历！

　　我们该拥有怎样的人生？该如何去实现梦想？从"做不到"到"我能行"只需要三步，《早起的奇迹：有钱人早晨 8 点前都在干什么？》这本书里提供了答案。希望我和我爱的人们在新的一年中都能成为有钱又有闲的人。

苏茉　会计师（早起俱乐部 1 群　陕西西安）

　　早晨是你完全掌控生活，按照自己的意愿为自己人生划定航线，给早起一个怦然心动的理由，从《早起的奇迹》开始改变，从《早起的奇迹：有钱人早晨 8 点前都在干什么？》开始精进。坚持早起，不断成长，成为梦想中的自己。

聂宏　公共营养师（早起俱乐部 1 群　四川成都）

　　终于等到了这本书，看完感觉太棒啦！我践行哈尔的《早起的奇迹》一年多，每一天都有进步。他的这本新书又一次点燃了我心中的激情，给我指明了奔赴财富自由的方向，更是创建健康和幸福生活的指南。我尤其认同哈尔所说的，最长的杠杆，就是你的学习能力。

雨诺　国学启蒙讲师（早起俱乐部 2 群　北京密云）

　　正处在人生低谷的我感觉前途渺茫，又很不解"困境"是怎么出现的，明明我是那么勇敢地选择自己想要的生活！书中"寄居蟹"的比喻解答了我的疑惑，原来我的困境是正常的，于是我生发了坚强的信心和勇气。如果你正面临同样的困扰，请阅读本书，必有收获。

苏菲　设计师（早起俱乐部 3 群　广东广州）

　　我最初接触哈尔的书是 2022 年 8 月，当时我正处于迷惘期，所在企业大批量裁员，切身体会到了中年危机，但《早起的奇迹》给了我面对坎坷的勇气。哈尔的这本新书又是我迫不及待想去践行的书，把早起跟财富串联起来，让我们一起去做一个更会赚钱的"晨型人"。

何春香　社区心理服务老师（早起俱乐部 3 群　山东青岛）

《早起的奇迹》真的是非常值得我们去学习和践行的一本书。假如我们想成为百万富翁，实现财富自由，人生更幸福，那就再读读《早起的奇迹：有钱人早晨 8 点前都在干什么？》，它将带领我们踏上财富与幸福之路！

春红　护士（早起俱乐部 3 群　河北）

感恩 2021 年 9 月遇见《早起的奇迹》，到今天坚持早起 500 多天，通过早起让我每天多出 2~3 小时可控时间，在《早起的奇迹：有钱人早晨 8 点前都在干什么？》中，让我更清晰地知道，早起可以产生复利的价值，更好地运用 S.A.V.E.R.S 人生拯救计划去实现人生目标。

彭湃　证券从业人员（早起俱乐部 4 群　广东深圳）

应该是在两年以前读完了《早起的奇迹》，后来调整心态，坚持早起，而且每天都提前半小时到公司，准备当天的工作计划，早起运动的习惯一直坚持到现在。《早起的奇迹：有钱人早晨 8 点前都在干什么？》更加详细地介绍了如何行动并创造财富。后疫情时代，我们一起坚持神奇的早起，重拾信心，开创人生新篇章！

改变人生的早起之书

真诚和你分享《早起的奇迹》（全新升级版）

要么躺在床上等待生活的暴击

要么早起创造奇迹

上市 12 年畅销 90 多个国家，已被翻译成 37 种语言

他教会我什么才是真正的富有

几年前，我受邀在一场名为"无悔一生"的非营利活动上发言。当时，我从未听说过该活动的特邀嘉宾大卫·奥斯本，但与会者众口一词，说这位特邀嘉宾会成为整场活动最大的亮点。为此，我的好奇心被点燃。

当大卫走上讲台之时，他的率真、坦诚、专业和投入结合成一种迷人的气质。我和场内的其他观众一样，迅速地沦为他的俘虏。

演讲的题目是《财富不等人》(*Wealth Can't Wait*)。大卫在我们面前徐徐铺陈开他一生的故事——一个问题青年如何白手起家，成功蜕变为拥有数百万资产的富翁。

他几乎毫无保留地向我们展示了他如何赚到每一美元，这份坦诚令人备受鼓舞。他也确实很有钱——最新的净资产数据显示，他大约拥有 7 000 万美元。

在此之前，我曾和几个百万富翁打过交道，但大卫却达到了他人无法企及的高度。没人会像大卫一样，毫无保留、心甘情愿地将自己的致富秘诀免费外传，帮助别人实现财富自由。我的好奇心愈发强烈了。

在大卫演讲期间，我了解到，他竟然是 GoBundance 的联合创始人之一，该公司致力于为有志向的人出谋划策。为了延长与大卫接触的时间，我接受了他的邀请，身赴太浩湖参加 GoBundance 召开的休闲集会。令人意外的是，这场 GoBundance 之旅竟成了我与大卫相交莫逆、两家人缔交深情厚谊的开始。

太浩湖之旅过后，我们举家搬迁到了得克萨斯州的奥斯汀，距离大卫家只有 15 分钟车程。我们各自的妻子彼此成了好友，他的女儿也和我的女儿成了闺蜜。此外，我们的孩子也都上着同一所学校——阿克顿学院。上周，他们索性在我们居住的那条街上买下一栋房子，我们很快就要成为邻居了。照这个势头，我估计两家搬到一起仅仅是个时间问题。

2016 年 10 月我被诊断出罹患了一种非常罕见的癌症，生存率不足 30%。就在这时，大卫和他的妻子特雷西（Traci）给予我和我的家庭大力支持。在接下来的一年多时间里，他们坚持每周为我们送饭，甚至向我们提供私人飞机，带我们到想去的地方。大卫的父亲就死于癌症，因此他对我的境况深表同情，并为我提供了帮助和指引。俗话说：千言万语也不足以表达我的感激之情。这正是我对大卫和他家人所抱有的情感。

在此，我只是想让你们对接下来登场的大卫有一个更加清晰的认识，是他教会我什么才是真正意义上的富有。我邀请大卫与我共同撰写这本书，从而将他的智慧传递给你们。富有，并不只是你银行账户上金钱的数量，也不是你的个人净资产。真正的富有，是与你生命中最为要紧之物——人生价值，始终维持一致的完美状态，而财富自由只是它的一部分。关于富有的意义，没人能比大卫更了解。

哈尔·埃尔罗德

《早起的奇迹》《奇迹公式》（*The Miracle Equation*）作者

早起是最明智的自我投资

今天早上，我在 5：17 起了床。

相信我，我可不是吹牛。我人生中的大部分时间都以夜猫子自居。还记得高中的时候，我能一觉睡到上午 10 点，甚至 11 点；大学时期，我总是在课上打盹，每当考试临近，就熬夜学习，通宵达旦。

开始做生意之后，我沿袭了之前的老习惯——工作到整个世界都熟睡之时，再蒙头大睡。为什么呢？因为对我来说，夜晚才是工作的高产时段。那么早晨呢？早晨是我真正入眠的时间，只要没人打扰，我就能睡到天昏地暗。

当然，很快我就得到了几个教训。

首先，这个世界绝不会一直让我由着性子晚睡晚起。世界上绝大部分人都是夜伏昼出，对于我这样的夜猫子来说，晚睡真的过度地消耗了我的体力。不管我在夜晚多么高产，在白天浑浑噩噩地打理生意可不是什么创造财富的正途。

　　其次，更重要的是，我开始发现早起和富有之间是有关联的。虽然我们在这个世界上很少能睡个安稳觉，但百万富翁们从不赖床。

"早起"和"财富"之间的联系

　　我在生意上花的时间越多，就越能清晰地看出"早起"和"金钱"之间的联系；我越早地启动这一天（至于如何启动，我会在后文中与大家分享），我的净资产增长得就越多。

　　这可不是我的片面之词。如果你们能通读全书，认真审视书中各位百万富翁的生活习惯，就会发现在很大比例上，富人们都会早起。这背后其实是有原因的："早起"和"金钱"其实有很多共同之处。

　　提到金钱，世界上最流行的个人理财建议可能就是"首先支付自己"，即先把自己的工作收入拿出一部分，以备投入到资产项目中。它的前提是世上最有利的金融工具"复利"，如果你没有任何用于投资的财富，那就永远无法享受到复利的利息收益。因此，你必须先拿出一部分金钱，以备投资之用，否则，这部分金钱就会在消费中消失殆尽。

　　时间，亦是如此。自我发展是个人立足于世的不二法门，但兵贵神速。在遇到一天之中最为重要的事务之时，如果你决定"先将其放在一边，有空再处理"，则永远不会奏效。时间，就像金钱一样，总会有个归宿和流向。当你发现刚发的薪水只剩下几美元，"储蓄"

自然无从谈起；同理，眼看着正午即将到来，宝贵的清晨却早已从指缝中溜走，那时后悔就晚了。

就真知灼见、快速高效、清晰明朗三个方面来说，神奇的早起就如同"首先支付自己"一样，让人备受裨益。按此书教授的方法在清晨开启新的一天，就像是采用撇脂定价策略①一般，在最短的时间内获得最丰厚的回报。

在世间所有类型的投资中，无论是不动产还是年金保险，股票市场还是创业投资，最明智的永远都是对你自己的投资。而自我投资的最佳工具，就是精神百倍地迎接每个日出，永不缺席。

大卫·奥斯本

财富建设顾问

---

① 一种高价策略，是指在产品生命周期的最初阶段，将新产品价格定得较高，在短期内取得丰厚利润，尽快收回投资。这种定价策略犹如从鲜奶中撇取奶油，取其精华，所以称为撇脂定价策略或撇油定价策略。

早起是你奔向财富之路的引擎

这本书一共说了三件事。

第一，关于为何早起，以及早起的一些技巧。不要小瞧它们，它们才是叩响财富之门的关键。如果你将这些实践技巧融会贯通，就能跟上百万富翁的步伐。其实这并不容易，但道理确实又很简单。

第二，确保这些技巧是你每天起床后所做的第一件事，并理解这样做的真正价值，该价值真的会让你受益匪浅。当然，你也可以拖到之后再做，但我猜你应该清楚这样做的后果。你会发现，清晨这个时段会让这些实践行为发挥出卓越的效果。时间真的很关键，它的关键程度绝对超出你的想象。虽然，仅凭"早起"很难让一个人变得富有，但"清晨"能成为一贫如洗和身价百万的分水岭。这可不是危言耸听。

最后，这本书会实实在在地带你领略诸多早起技巧，从而将你打造成一种珍稀生物——晨型人。在本书中，我会一遍又一遍地向你强调早起的重要性，但你若执意赖床，不对其善加利用，则万事皆休。好消息是，成为"晨型人"的技巧是可以学会的，你可以成为他们当中的一员；你也能情绪高昂、充满活力地早起，成为"先到先得"的优选之人。至于如何教你做到这些，这是我在本书中的工作。

以上这三件事，不仅能改善你的财富状况，还会颠覆你对世界的感受。当你成了晨间的主人，就能游刃有余地处理接下来一天的生活，甚至制定你自己的世界规则。你可以从容地"出招"，而不是手忙脚乱地"接招"。

想象整个世界围着你转的一天：你的所有需求都唾手可得，你踏出的每一步都将通往光明。这就是"神奇的早起"送给你的礼物——不仅能提高你获取金融财富的可能，更能帮你寻觅到内心的平和，从而掌控自己的生活。

我们本次旅程的出发点，是学会如何充分利用你的每一个早晨。确切地说，从明早就要开始。这就需要你在跟随本书付出努力、学会如何像百万富翁一样变得富有的同时，将每个早晨利用到极致。

在我们开始之前，你要时刻牢记早起才是奇迹的源头，是你将认知变现，将梦想、激情和天赋化作财富的引擎。早起才是一切魔力的起点。

看到这里，你可能感到些许紧张。不要害怕，即便你在过去曾对早起有过痛苦纠结，请将这句话铭记于心：如果你对早起有什么意见，这并不是早起的错，而是需要归因于这一天的后续时间。如果你对自己的生活并不满意，毫无期待，那么也决不会元气满满地跳下床，开启新的一天。你可能觉得，自己根本就没有起床的动力。我想，这可能是很多人的通病，也是很多人赖床的原因。

因此，我们在旅程的一开始，就必须跳出这个浑浑噩噩的死循环。首先，我们需要讲解早起的重要性，然后向大家传授轻松起床、利用好早晨，并将其转化为通往财富之路的方法。

很多人都觉得，"我要先整理好自己的生活，然后才能早起"或者"一旦我有了钱，就能改变生活的习惯"。我可以告诉大家，这份盲目的自信会让你本末倒置：你并不会因为整理好生活而成为一个"晨型人"，反而会在成为"晨型人"的早晨整理好你的生活。

如果你想改善自己的生活，拥有更多高效的清晨和更多的财富，却不知道该从何入手，那么不妨看看这本书。只要你想进步，这本书就能帮到你。

欢迎翻开《早起的奇迹：有钱人早晨 8 点前都在干什么？》。让我们开始吧。

CONTENTS
目 录

第一部分　请相信我，早起的确能够创造奇迹

预习一｜为什么早起能够重塑你的人生?　2

慢性缺钱症：起床一瞬间，就被生活逼得喘不过气　3

做什么都更容易成功的"晨型人"　4

为什么抗拒早起? 你必须知道三个真相　7

早起的百万富翁：起得"早"不如起得"妙"　10

预习二｜精神百倍地醒来，你会爱上全新的自己　14

5 分钟防贪睡策略，让早起变得前所未有的轻松　15

天还没亮、被窝太暖? 你需要这些小窍门　19

立刻开始行动，避免"知道做不到"　20

想过什么样的人生，就过什么样的早晨　22

预习三｜S.A.V.E.R.S. 人生拯救计划   26

将每个早晨利用到极致的 6 个步骤   27

心静（Silence）：送给自己的第一份礼物   29

自我肯定（Affirmations）：对潜意识积极编程   37

具象化（Visualization）：尽情预演未来   45

运动（Exercise）：让身体和精神更清醒   49

阅读（Reading）：随时补充精神食粮   52

书写（Scribing）：从日记开始   56

即使只有 6 分钟，也能完成"神奇的早起"   62

第二部分　成为百万富翁的 6 堂课

第一课｜做出选择：你到底想不想变得富有？   68

你的平行人生：不一样的"选择"   70

"我想变得有钱"≠"我会变得有钱"   71

真正的百万富翁都做了 4 个选择   73

清晨是检验初心的试金石   80

第二课｜跳出思维定势的"盒子"，大胆展望未来   84

你是否像寄居蟹一样不敢脱去"保护壳"？   85

为了改变人生，冒着风险也要离开舒适区　　　　　86

旧盒子：摆脱限制财富思维的偏见　　　　　　　　87

新盒子：在"空中战"视角下，创造你的百万富翁愿景　91

来自"未来的我"的一封信　　　　　　　　　　　92

新三环理论：现在，瞄准你的财富中心点　　　　　96

"神奇的早起"就是重新出发的第一步　　　　　　99

第三课 | "飞行计划"：如何实现百万富翁级别的目标？　101

目标和计划，一对黄金组合　　　　　　　　　　102

"重度拖延症患者"如何变成"实干家"？　　　　　103

从"做不到"到"我能行"的三要素　　　　　　　111

什么样的计划能让你胜券在握？　　　　　　　　114

未来很重要，但活在当下更重要　　　　　　　　116

第四课 | 杠杆原理：善用资源使财富持续倍增　　119

身价 10 亿美元的人有多忙？　　　　　　　　　　120

为什么相同时间内，"优先排序"能获得更高生产力？　122

用"乘法"取代"加法"，像超人一样效率倍增　　　123

大量财富的创造一定需要团队的力量　　　　　　125

撬动杠杆：用时间、金钱、精力和天赋倍化工作成果　127

最长的杠杆，就是你的学习能力　　　　　　　　128

第五课｜啄木鸟困境：何时该坚持，何时该放弃？   132

警惕三大诱因：别在不该放弃的时候放弃   136

有时候，你必须学会忍痛割爱，学会止损   142

问自己两个问题，你会知道何时应该全身而退   144

用"神奇的早起"做出正确判断   146

第六课｜越了解金钱，就越能掌控好它   149

个人理财，你的财富积累之始   150

让"慢钱"变"快钱"：投资更高回报的市场   152

评估自己的风险承受能力   153

多种收入来源：把鸡蛋放到不同的篮子里   154

房地产业也许能让你逆势爆发   159

金钱究竟衡量了什么？   160

第三部分　通往财富自由的 3 项成长实践

实践一｜搭建你的自我领导体系   164

打破自我设限，找到解决方案   165

为失败击掌，摆脱"后视镜综合征"   166

积极寻求支持伙伴   167

提升自我领导力的四大原则   168

不要吝啬对自己的赞美   178

搭配自我肯定和具象化，掌握人生主导权   179

实践二｜能源工程：如何保持精力充沛？   182

"自动充电"系统：为巅峰时刻做好准备   184

现在，你拥有了源源不断的能量保障   205

实践三｜激光般的专注力：实现常人无法实现的目标   207

迎接专注四步法：大幅度提升你的"神奇的早起"   209

哪些事是我应该坚持做的（或做得更多的）？   213

哪些事是我应该开始启动的？   214

哪些事是我应该立即停止的？   215

以不可动摇的专注力要求自己，你会发现你就是奇迹！   217

结　语   221

最值得骄傲的，莫过于拥有一段为梦想打拼的经历

奖励章节 I   225

30天"神奇的早起"挑战：习惯培养三段法

奖励章节 II   233

奇迹公式：实现一个又一个具体的、可衡量的目标

加入早起俱乐部   243

关于作者   245

推荐书单   249

励志金句   253

第一部分

请相信我，
早起的确能够创造奇迹

MIRACLE MORNING MILLIONAIRES

你挤出时间来是为了追求个人目标、完善思维模式。利用好你的早晨，你就能成为梦寐以求的"晨型人"。

如果生命有奇迹，那一定是早起的奇迹，去相信、去行动才会有收获！

哈尔·埃尔罗德，《早起的奇迹》《奇迹公式》作者

预习一 ｜ 为什么早起能够重塑你的人生？

难以想象的是，青年时期花了大把晨间时间赖床的我，现在竟能保证在早上 7：00 准时起床。即便前一天熬到很晚，我也能按时早起，这种习惯已经成了我生活的一部分。而致使我生物钟变化的直接原因，是我意识到随着自身责任越来越重，晚睡晚起的策略在我身上已经行不通了。它太不实用了。要么在深夜保持高效的工作，要么在白天和家人共聚天伦、照顾生意，两者不可兼得。为了和白天运转的世界接轨，我不得不放弃吸血鬼一般的昼伏夜出的生活。

而这种意识，正是我做出改变的催化剂。虽然不太情愿，但我摇身一变，成了一个早起的人。也就是在此时，我才真正意识到，早晨的时间竟是我荒废多年的巨大宝藏。在早晨，我不仅能完成更多的工作，甚至还能完成在其他时段根本无法完成的事情！

随着时光流转，钱包渐鼓，早起现在对我来说已不再是什么痛

苦的任务，而是我心甘情愿去奉行的仪式。我已经无法想象，不早起的生活会变成什么模样。

慢性缺钱症：起床一瞬间，就被生活逼得喘不过气

早起的魔力之一，在于它能够奠定一整天的基调。如果你能够目标明确、活力满满地度过早晨的时光，你将发现，接下来的一天都井然有序。你会感到工作和生活都能很容易走上正轨，同时，你自己也目标明确、不易分心。也就是说，只要走对迈向清晨的第一步，你就能为全天的冲刺把握好方向。

对比之下，你每天清晨的状态是什么样子呢？大多数人的早晨不外乎两类。

第一类称作"应接不暇"型。你从（不情愿地）起床开始，就在拼命地扮演着一个无暇他顾、追赶时间，却注定要迟到的角色。可能你还没来得及套上裤子，迟到的结局就已经无可避免。事务太多，时间太少，让你应接不暇。

第二类，我们称之为"神游天外"型。这样的早晨缺乏目标和动力，你会赖床到很晚，拖到最后，才不得不开始工作。即便如此，你也很容易被那些哪怕最微小的干扰所分心，你自己也觉得这是在随意地应付差事。随波逐流，漫无目的，就像神游天外。

对于"应接不暇"的人来说，生活中的一天就像一场漫长的消防演习，混乱而充满噪声，且有一种永不止步的奔波感；而对于"神游天外"的人来说，这一天更像是一场被无限拉长的车祸，

你不知道到底该踩哪块踏板，或往哪个方向调转方向盘，才能阻止眼前的这场灾难。

以上两种人，会永远罹患一种慢性缺钱症。他们身上背负着一种永不消失的压力，一种不知何去何从的困惑，一种悲惶无助的感觉，以及一种无力控制未来财务计划的失落。来自经济方面的压力就像一层额外的乌云，笼罩在每天的生活之中。

以上两种情况，无论你遭遇了哪一种，都意味着宝贵的清晨早已经从你的指缝间溜走。在你起床的一瞬间，世界早已逼近到你的眼前，让你倍感窒息。也就是说，如果你起晚了，那么在晚起的瞬间，你这一天就注定失败；如果你起床时感到迷茫、没有方向，那么你在这一天里也基本不会有什么建树。无论遭遇了哪一种，你可能都会荒废时间。但如果我告诉你，有第三种选择呢？

如果我说，你的早晨可以变得与众不同呢？如果你的早晨能够让你耳目一新呢？如果能让你满怀精力和热情去开启新的一天呢？如果我说，清晨迎接你的不是一片混乱，而是能让你心平气和地沉浸其中，提升自己、增长财富、规划人生的一个小时呢？

有了这个奇迹般的早晨，你理想中清新整洁的心理空间就会变得触手可及。在这里，你能重拾优雅和尊严，能够完全掌控你的生活，并将它打造成理想中的模样。

做什么都更容易成功的"晨型人"

我的经验告诉我，对早起的魔力探究得越深入，你就越能沉着地设定目标，积累财富。早起的鸟儿有虫吃，但越来越多的证据显示，早起的鸟儿所能收获的，可不仅仅是虫子。当你准备创造一个属于自己的奇迹早晨时，你会体验到以下专属于"晨型人"的关键优势。

你的态度将会更加主动，工作会更为高效。克里斯托弗·兰德勒（Christoph Randler）是德国海德堡教育大学的生物学教授。在 2010 年 7 月的《哈佛商业评论》（*Harvard Business Review*）上，克里斯托弗教授提出："和更适应夜间工作的人相比，在清晨工作状态达到巅峰的人往往更能获得事业上的成功，因为他们的态度更为积极主动。"据《纽约时报》（*New York Times*）畅销书作家、举世闻名的企业家罗宾·夏玛（Robin Sharma）所说："如果对世界上工作效率较高的人进行研究，会发现他们都有一个共同之处——习惯早起。"

你会预料到可能出现的问题，并将其扼杀于摇篮之中。克里斯托弗进一步推测，"晨型人"之所以遇事不慌，是因为他们手中都攥着一把好牌。他们能更有效地预见问题所在，并将其尽可能弱化。这些人更加积极、主动，具备更为专业的素养，更易成功，最终，也会拿到更高的报酬。他还强调，"晨型人"在预见问题之后，往往能更从容、轻松地进行处理。这也就意味着，虽然来源于孩子、工作、两性关系和金钱等方面的压力不可避免，但早起能有效降低压力水平，使之更易于接受。

你可以像专家一样做好计划。俗话说：没有计划，就会失败。在财富问题上更是如此。"晨型人"不仅有时间去组织、预测、准备一天的活动，甚至还能挤出时间，按部就班地制订好财务计划。而喜欢赖床的晚起一族只能被动地见招拆招，依靠运气的成分居多。闹钟响后，仍在呼呼大睡的你难道感觉不到任何压力吗？醒醒吧！闻鸡起舞的人才能赢在一天的起跑线上。试想一下，别人汲汲皇皇，想要掌控自己的一天而不得法，你却能保持冷静，按部就班地遵循计划，这会是一件多么美妙的事情。

你会有更多的精力。在早起带来的奇迹之中，晨练是其中重要的一环，但往往也是所有人都容易忽视的一环。其实，仅需几分钟的锻炼，你就能为一天设定一个积极向上的基调。运动之后，血液会涌入大脑，为你提供清晰的思路，让你的注意力更集中。新鲜的氧气会渗透进你全身上下所有的细胞之中，这就是锻炼能帮助人类维持好心情、塑造好体格、获得好睡眠，使我们在工作中更为高效的原因。

你将获得"晨型人"在心态上的优势。近期，西班牙巴塞罗那大学的研究人员将早起一族（习惯于在黎明时分起床的那一群人）和晚睡人群进行了对比分析。在两者的诸多差异中，研究人员发现，早起一族往往体能更持久，且不易产生挫败或畏难等负面情绪。这也就意味着，早起能帮助人们消弭焦躁、抑郁，减少药物滥用的隐患，从而提高生活满意度和幸福感。

对此，专家们得出结论：早起基本上对于任何事情来说都至关重要。一位富有的朋友曾告诉我，在他通往百万身价的道路上，早起这个习惯让他受益颇多。

请看以下的这张清单：

◎ 超高的生产率

◎ 前瞻性的问题处理方法

◎ 更高的收入

◎ 每日计划

◎ 更多的精力

◎ 更积极的态度和足够的耐心

除却上述因素，还有什么特质能让你走上致富之路呢？我猜应该没有了。并且，研究表明，上述因素都和早起相互关联。就此来看，早起无疑具备着一种化腐朽为神奇的魔力。而现在，亟待解决的问题可能是：如果早起真的这么神奇，为什么大家都不早起呢？

不得不说，这是一个富有洞察力的好问题。在开启预习二，讲解奇迹早晨的"五步法"之前，我们必须先回答这个问题。

为什么抗拒早起？你必须知道三个真相

如果你经历过早晨醒来时的挣扎，你就会知道，不管你睡前动用了多大的意志力和热情，你所下定的决心必定会在清晨闹钟敲响时离你而去。有这种遭遇的可不止你一个人。很多人都会在新年计划中加上一条"要早起"，但早起的计划往往会无疾而终。如果你想成功地做出转变，就必须了解一些你之前从未听过的真相。这些真相就是构成早起"五步法"的基础，会在你明早起床的时候派上大用场。

真相 1："晚睡晚起"只是你养成的习惯

是否真的有人天生喜欢黑夜，或者天生喜欢清晨？

我认为是的，而且这个结论也得到了研究人员的支持。虽然人类在体质上存在喜夜或喜晨的倾向，但这只是绝大多数人表现出来的时间癖好，而非某种固化在基因中的不可动摇的特质。

除此之外，人类还有其他和睡眠相关的习惯在起着作用。多年以来，不管是黑夜还是清晨，人们几乎都在做相同的事情，只不过没有察觉罢了。你长期坚持的任何事情都会变成习惯，而习惯是一种强大的力量。

当床边闹钟响起，你挣扎着睁开眼睛时，必须要记住，对早起的抗拒只是大脑每日重复的一种神经模式罢了，它并非是你思考得到的理性结果。好消息是，你可以重塑习惯。早起是一种技巧，你可以通过学习来掌握它，就像学骑自行车、学做生意一样。在接下来的章节中，我会向你展示学习的方法。

真相 2："多睡一会"是因为不想面对糟糕的一天

如果你即将度过辛苦、枯燥甚至情感缺失的糟糕一天，你是否曾经把"多睡一会"当作推迟面对生活的借口呢？

但如果你对即将到来的一天充满期待和激情，起床就会呈现出一种完全不同的光景。即便是有早起习惯的人，在面临糟糕的一天的时候，也会在起床时打退堂鼓。

"神奇的早起"会从两个方面解决这个问题。首先，我需要在每个清晨为你提供一些值得期待的奖励，比如你可以完全掌控自己的私人时间，以全面改善自己的财务状况、健康状况、负面情绪，甚至生活。

其次，你越能善用清晨的时光，就越有可能收获美好的一天。当早起的魔力渗透到日常生活中以后，你就会开始对自己的人生做出优化和改善，从而不断减少逃避的借口。

真相3：每天付出了很多，却从未将清晨留给自己

出人意料的是，阻碍现代人早起的原因，并不仅限于起床的痛苦，还来自人们心底一个鬼鬼祟祟的声音：利用清晨时光是一种自私的表现。

我们很多人在成长过程中所受的教育都是这样的：想要拥有成功的人生，就必须把自己的需求放在最后。我们要照顾好家人、经营好事业、维护好关系，如果还有时间的话，才会轮到自己。那么问题来了，我们设想留给自己的时间往往所剩无几，最后只能不了了之。我们付出了很多，但自己的需求却得不到满足。随着时间的推移，我们只会感到精疲力竭、沮丧抑郁、愤愤不平，最终被负面情绪压垮。

听上去挺耳熟吧？

在坐飞机的时候常常能听到这样一句话：请您在戴好自己的氧气面罩后，再去帮助别人。我是这句话的忠实信徒。如果你因为缺氧而昏厥，还能有余力去帮助别人吗？

在个人发展，或是财富积累的过程中，这个道理同样适用。完全忽视自己的感受，你的财务状况就距离"昏厥"不远了。要记住：

🕐 早起的奇迹：有钱人早晨 8 点前都在干什么？

◎ 如果你自己的人生都处于毁灭边缘，那你便帮助不了任
何人。

◎ 如果你的健康状况每况愈下，你就无法维持高效的工作。

◎ 如果你不去培养必要的技能，不去创造追求财务目标的
观念模式，财富积累根本无从谈起。

因此，对于每天的生活来说，善用早晨才是重中之重，才是一
切的关键。早晨是你完全掌控生活、按照自己的意愿为人生划定航
线的开始。你就是自己的机长，掌控一切的就是你。但你无法在睡
梦中完成这些。

> 早晨是你完全掌控生活、按照自己的意愿
> 为人生划定航线的开始。
>
> ◀◀◀ MIRACLE MORNING MILLIONAIRES

以上三点，是你在创造自己的奇迹早晨之前，必须优先屠灭的
三条恶龙。但好消息是，和上百万的成功者一样，你完全可以做到。

早起的百万富翁：起得"早"不如起得"妙"

此时此刻，你的脑海里可能正有个声音在说："那……好吧？"
这就是你脑海中的怀疑小人儿。相信我，我懂的。我曾经也有
过一个。

10

通常来说，看到这里的读者都会认为，早起可能在理论上行得通。"但我绝对做不到。"你会觉得，"现在我都恨不得一天有 27 个小时，哪里还能挤出一个小时来早起？"

那么我就会问你："怎么会挤不出来呢？"早晨能重塑你的人生，它们可能是你一天当中最糟糕的时段，但也可能给你带来奇迹。

如果你仍将信将疑，不妨试着这样理解。早起的奇迹并不意味着你早起一个小时，然后度过更加漫长、更加辛苦的一天。它不在于你起得更"早"，而是起得更"巧妙"。

在这个星球上，成千上万的人已经找到了专属于他们的"奇迹的早晨"。而在这些人里，有不少人曾经是夜猫子，但他们照样成功了，而且还在成功的路上越走越远。他们并没有在一天的时间里硬生生地插进一小时，而是更加巧妙地运用了自己的时间。（如果你仍一口咬定没有时间，那么请你稍等：在本书的预习三中，我将给你展示一个用 6 分钟打造奇迹早晨的方法。你总能挤出 6 分钟的时间来吧？）

如果你仍持怀疑态度，那我不妨告诉你：早起一个小时（或早起任意时间）最大的障碍在于起床后的最初 5 分钟。这 5 分钟至关重要，蜷缩在温暖被窝中的你需要做出一个抉择：是起床开始崭新的一天，还是把闹钟上的关闭按钮再拍上一遍？这是一个关键时刻。而你所做出的决定将影响你接下来的一天、你的成就，甚至你的一生。

这就是为什么我会说，正确处理每天起床后的 5 分钟，将会是你通往"早起的百万富翁"的起点。一旦赢得了早晨的奇迹时光，你就会赢得完美的一天。你还在等什么？赶快把每一个奇迹的早晨都抢回来！

听听我这个资深夜猫子的建议吧：从"我不是个习惯早起的人"到"早上好！又是阳光明媚的一天！"是一个渐变的过程。在经历了一系列试错之后，你总会找到方法，瞒过你脑海里那个懒惰的赖床小人儿，从而将早起培养成习惯。

要知道，早晨很关键，它的重要程度远超你的想象。它确实能够完全重塑你的人生。

在接下来的两个章节中，我会设法将"早起"变得前所未有的刺激和轻松——就算你从未设想过自己会成为"晨型人"，你也会深深地爱上它。我还会用史上最有说服力的 6 个个人实践发展案例来向你展示，如何将你获得的晨间时光利用到极致。

理查德·布兰森（Richard Branson）

具有传奇色彩的亿万富翁
英国最大私营企业维珍集团董事长兼总裁

　　在我从商的 50 年之中，我渐渐学到，如果我能早起一点，就能在一天之中有更多的收获，从而度过更丰富的一生……

　　无论我在世界上的哪个角落，我都尽量要求自己在早上 5∶00 起床。通过早起，我能做更多的锻炼，更好地陪伴我的家人，并且在工作之前整理出一个更高效的思维框架……

　　早起并不意味着工作有多么辛苦，而是在你力所能及的范围内，推动事业走向成功。即便这意味着你要孤独地早起一个小时，那么也请你尽量去欣赏一个人的晨间时光。

开始改变行为习惯很难，坚持改变更难，最难的是把积极的改变巩固为习惯。

马歇尔·古德史密斯（Marshall Goldsmith）
美国管理研究院终身成就奖获得者，《自律力》（*Triggers*）作者

预习二 | 精神百倍地醒来，你会爱上全新的自己

如果我在本书中所做的努力确实奏效，现在的你应该会对明早的到来感到乐观和期待。你可能会喜滋滋地想象着睡醒之后，你是如何从床上精神百倍地一跃而起，而你的闹钟却因长期不使用，只能在角落里默默吃灰。

但如果明天就让闹钟停止运作呢？当你被狂吠的闹钟从深度睡眠中吵醒，你对这一天的期待还会剩下多少呢？当你不得不从温暖的被窝中爬起，面对冰冷的房间，你还能保持兴奋的心情、积极的心态吗？

不难想象，你的期待和兴奋可能会被你冲进下水道吧。其实，这都是一个伴随我们而生的念头——文饰作用①在作祟。

文饰作用是个狡猾的家伙，正因它的存在，即便是你在入睡

---

①自我防御机制的一种，指用一种自我能接受、超我能宽恕的理由来代替自己行为的真实动机或理由。——译者注（下文中除非特别注明，注释皆为译者注）

前再三下好的决心（一定要早早起床、珍惜时光），也会在早晨到来的时候迅速烟消云散。就在短短几秒钟之内，你就能轻而易举地说服自己再多睡几分钟。结果自然可想而知：你在房间里四处乱窜，懊悔地叫嚷着。你上班要迟到了，人生也要迟到了。你又一次迟到了。

这是个颇为棘手的问题。我们最需要动力的时候（每天早起前的最初几分钟），正是我们最难把握的时候。

但是，如果你能利用现在形成的势头和热情，在明早一鼓作气地战胜睡魔呢？这就是我撰写本章的目的——赋予你清晨早起的动力，给文饰作用致命一击。

这个被哈尔称作起床激励水平（Wake-Up Motivation Level，简称 WUML）的概念将会反复出现在早起"五步法"的每一个步骤中，而"五步法"正是提高起床激励水平的不二法门。你的起床激励水平越高，你就越能战胜美梦的诱惑，从而更早地起床。你的任务，就是尽你所能将起床激励水平调整到"赖床阈值"[①]之上。

幸运的是，所谓的"尽你所能"，并不像听上去那么夸张和困难。

5 分钟防贪睡策略，让早起变得前所未有的轻松

你可能觉得，自己的起床激励水平较低，这意味着当闹钟响起的时候，你最想做的还是睡个回笼觉。相信我，这很正常。但如果你采用了本章中介绍的"五步法"，仅需 5 分钟，你的起床激

---

① 如果起床激励水平没有达到赖床阈值，人们就会赖床。

励水平就会飙升，而你也将精神百倍地跳下床，迎接一天的到来。

五步，一共 5 分钟。就是这么简单。

第一分钟：睡前进行积极的自我暗示

第一个你要理解的要点是：早晨醒来时脑海中的第一个想法，往往就是你晚上睡前的最后一个想法。例如，如果你对第二天起床之后的活动充满期待，前一天晚上就会难以入眠。我敢打赌，你肯定有过类似的经历。无论是孩童时期的圣诞前夜，还是远行度假的前一个晚上，只要闹钟一响，你肯定会激动地睁开双眼，从床上一跃而起，准备拥抱崭新的一天。为什么？这是因为在入睡之前，你脑海中关于次日清晨的最后一个想法是积极的。反过来想，如果你睡前最后的想法是："真不敢相信我今晚只能睡 6 个小时，明天白天肯定会累死的。"那么当闹钟响起的时候，你绝对会这么想："我的天呐，6 个小时这么快就过去了吗？不！我还想再多睡一会！"

换句话说，早起的策略之一，就是设定一个自证预言，这样你便会不自觉地按已知的预言来行事，最终令预言发生。要记住，创造一个明媚清晨的是你自己，而不是你的闹钟。

那么，实施的第一个步骤，就是在每晚睡前有意识地为自己设立一个积极暗示，想象它的每一个细节，在内心反复确认。

如果需要了解更多，你可以阅读《早起的奇迹：那些能够在早晨 8：00 前改变人生的秘密》中的"神奇的早起睡前宣言"，它可以帮助你迈出成功的第一步。

第二分钟：将闹钟放到自己够不着的地方

现在，马上将闹钟转移到离自己床边最远的位置，越远越好。这样一来，你就得强迫自己从床上爬起来，进入运动状态。运动会产生能量，所以当你离开被窝，穿过房间的时候，身体自然而然就醒过来了。

大多数人会将闹钟放在床头伸伸手就能够到的地方。当然，如果你想睡回笼觉的话，这是个完美的选择。但是，当你在半睡半醒状态下时，你的起床激励水平会较低，这样只会让自律性作用受阻，让起床变得更加困难。将闹钟放在触手可及的位置，正是你抗拒起床的帮凶。事实上，你甚至都意识不到自己翻过身按掉了闹钟。我就经常以为自己关闭的是梦中的闹钟。（遭遇这个问题的绝对不止你一个人，相信我。）

只要强迫自己离开被窝去关闭闹钟，你的起床激励水平马上就能呈现出一个跨越式的上升。

请给自己的起床激励水平打分（满分为 10 分）。如果你能得到 5 分左右，那么你多半会在拍掉闹钟之后感到更加瞌睡，从而爬回被窝。如果你已经遭遇了类似的问题，就需要进行下一步。

第三分钟：直接走到盥洗室刷牙

当爬下床关掉闹钟之后，你就要直接走向盥洗室刷牙。我知道你是怎么想的。"真的吗？你是真的要我去刷牙吗？"没错。这个步骤的关键在于你需要在起床最初的几分钟，做一些无意识但可以让身体苏醒的活动。

关掉闹钟之后，直接走进盥洗室刷牙，再往脸上扑一些温水（如果是冷水，则效果更佳）。这些简单的活动能将你的起床激励水平推向一个更高的层次。

这样一来，你的口气也变得清新了。接下来是第四分钟。

第四分钟：喝下满满一大杯水

起床后第一时间补充水分很有必要。因为若 6 ~ 8 个小时没有喝水，你的身体就会处于一种轻度脱水的状态，而脱水会导致疲劳。因此，无论什么时候，当感觉到疲劳时，你其实更需要喝水，而不是睡觉。

倒一杯水或一瓶水（或者你在前一天晚上就准备好，以便在早晨随时取用），迅速喝下去。这样做的目的就是让你的大脑再次充满水分和活力。喝掉这杯水，你的起床激励水平会再一次升高，这时候，你就需要进行第五步。

第五分钟：穿上晨练服出门锻炼

在第五步，你有两个选择。其一，穿好晨练服，这样你就能做好离开卧室的准备，立即开始"神奇的早起"。你可以在入睡前准备好晨练服，甚至可以穿着晨练服入睡（是的，你没看错）。

其二，就是去冲个澡。这样一来，你就能更轻易地将起床激励水平维持在一个较高的层次，从而更从容地保持清醒。我的选择是换好晨练服，因为我通常会在晨练或遛狗之后冲澡。但是，很多人更喜欢在起床后立刻洗澡，因为这不仅能帮助他们尽快清醒，还能给新的一天带来一个清新的开始。当然，如何选择完全取决于你。如果第一个选择没有效果，那就试着先冲个澡。你会发现，洗过澡后就很难再犯困了。

不管你如何选择，当你依序执行完以上五个步骤的时候，你的起床激励水平应该已经上升到了相当的高度，足以支撑你开启一个奇妙的早晨了。相比之下，若你仍停留在闹钟声大作，但起床激励水平为零的状态下，下定起床的决心恐怕会困难得多。以上五个步骤，会在短短几分钟之内，赐予你摆脱重力场、战胜文饰作用的强劲动力，让你远离昏昏沉沉的早晨，变得神采奕奕。

就我个人来说，只要执行了以上五个步骤，就不会产生睡回笼觉的念头了。一旦起身，我就会有意识地驱使身体，开始晨间的活动，并将这种目的性和计划感贯彻一整天。

天还没亮、被窝太暖？你需要这些小窍门

虽然上述步骤已经帮助过成千上万的人，但它们的作用远不止让早起变得容易。以下是我从其他"神奇的早起"实践者那里学到的策略。

用好"神奇的早起睡前宣言"。如果你不知道如何制订睡前宣言，请阅读《早起的奇迹：那些能够在早晨 8：00 前改变人生的秘密》。把宣言放在床头，可以帮助你在睡前进行积极的心理暗示。这份宣言的作用就是重新对你的潜意识

进行编程，助你打败睡意，充满干劲地迎接每一个早晨。

为床头灯加装一个定时器。在早起俱乐部中，有一名成员为自己的床头灯安装了定时器（你可以在网上或当地的商店买到）。在闹钟响起时，室内的床头灯就会自动亮起。这是多么伟大的创意。因为在黑暗中，即便是刚刚清醒的大脑也很容易昏昏欲睡，而光线能告知你的大脑和身体，现在已经是起床时间了。不管你是不是使用了定时器，请在你按掉闹钟后的第一时间打开电灯。

为卧室暖气加装一个定时器。另一名"神奇的早起"的成员说，自己会在冬天将房间的暖气装备设置为起床前 15 分钟自动开启。她将夜间温度调得较低，将睡醒后的温度调得较高，这样她就不会因为室内寒冷而在早晨赖床。

你可以随意添加或制定专属于自己的 5 分钟防贪睡策略。如果你想将自己的小窍门分享给大家，我们非常欢迎你扫描封底下方二维码加入早起俱乐部，或者访问 www.MyTMMCommunity.com。

立刻开始行动，避免"知道做不到"

到了你下定决心的时间了。

作为《早起的奇迹》的读者，这将是你面临的一个重要的转折点。你是否已经下定决心，成为神奇早晨魔力的探索者，事到如今该见个分晓了。

你有一个选择。明天早上，你是选择早早地、精神百倍地起床，着手重塑你的生活，推动人生向着财富自由的终点迈进，还是继续走你一直走的老路，希望上天垂怜，赐予你人生一个好结果？

如果你已经做好了准备，那事不宜迟，现在就开始。你必须记住，想要坚持早起，或者轻松地早起，你要做的就是找到一条预先设计好的、有效的、能够按部就班去实施的策略，且要保证该策略能够提升你的起床激励水平。时间不等人！你无须坐等明早，甚至今晚的到来，只需执行以下三个步骤，就能收获立竿见影的效果：

1. 将你每天设定的闹钟时间调早 30 ~ 60 分钟，并在接下来的 30 天继续保持。就是这样，从现在开始，每天 30 ~ 60 分钟，只需 30 天。务必将这个计划写到你的"神奇的早起"明早备忘录中。这就对了，别等到读完这本书再着手准备，别把读书当作拖延症的借口！

2. 访问 www.MyTMMCommunity.com[①]，或加入中国读者的早起俱乐部。在这里，你将认识 20 多万名志同道合的早起者，他们早就在进行"神奇的早起"，其中不少人已经坚持了很多年。

3. 寻觅一位可靠的"神奇的早起"伙伴。招揽一位伙伴（你的伴侣、朋友、家人、同事，甚至你在早起俱乐部内相识的某个人）来加入你的冒险，你们可以互相鼓励、支持、依靠，直到"神奇的早起"成为你们一生的习惯。

如果你仍心存抗拒，那可能是因为你担心过往的生活即将改变，

———————————

①本书提供的部分网址需要一定的网络环境才能打开。——译者注

担心自己不能坚持到底。没有关系，我有一个小建议：你可以翻到本书的第三部分。在第三部分中，我会为你提供打败抗拒心理的思维方式和应对策略，帮你寻找到最有效地建立、维持良好习惯的方法。这是全书结束之后你将要面临的第一个任务，不过现在可以稍微剧透一下，在思想上以终为始。

想过什么样的人生，就过什么样的早晨

读过前面的章节后，你可能愿意静下心来，认真思考一下早晨的价值。所有的证据（同时也是成千上万名"神奇的早起"信仰者众口一词的说法）都揭示了下面这个有力的观点。

如果早晨并非意味着如何开始你的一天，而是意味着如何创造你的一天呢？

如何开启一天可能是成就人生最为重要的因素。如果你带着激动兴奋的心情来创造一个有意义且高效的早晨，你就能让自己拥有成功的一天。

不过，大部分人开始一天的方式，是拖拖拉拉地睁开眼睛，摸索着按掉闹钟，一直磨蹭到最后一秒钟，才拉开舒适被窝的一角爬出来。其实，这些看似无害的行为潜藏着一个不利的信号。该信号转译过来是一个无意识的信念，即"我根本没有早起的自律性"，更不屑说达到其他的人生目标，如实现财富自由等。

当早上闹钟响起的时候，不妨把早起当作每天最初的一笔投资机会。它不仅是驱使你早起的自律性决定，更是你向自身能力发展

做出时间投资的机会，是你送给自己美好一天的一份礼物。有了它，你就能成为创造理想生活的主宰者。而当你完成这一切的时候，这世界上的其他人还沉沦在睡梦之中。

这就是你通往财富之路上的第一堂投资课：每天早上保持几分钟的自律性。而在这最初的几分钟里，如果你能坚持早起，而不是继续醋睡，你就会发现，这个习惯会为你之后的人生源源不断地提供辅益。

当朋友们问我是如何变成一个"晨型人"，或者是如何将人生转化为一个个成功的进程时，我会告诉他们，只需一一实现五个步骤。五个简单的防贪睡关键步骤，会让你每天的起床甚至早起，变得前所未有的轻松。如果没有这五个步骤，我可能还是会在按掉闹钟之后继续打盹、呼呼大睡，甚至怀疑自己永远做不了"晨型人"，产生各种悲观的想法，看着各种各样的机会从我身边溜走。

> 当早上闹钟响起的时候，不妨把早起当作每天最初的一笔投资机会。
> ◄ ◄ ◄ MIRACLE MORNING MILLIONAIRES

我知道，这种习惯上的改变看上去确实难如登天。不过听听过来人的建议吧：你可以做到！就像我一样，你可以做到。关于早起，最关键的一个信息就是：这种习惯是能够改变的。

和大多数百万富翁一样，"晨型人"并不是天生的，而是需要通过后天努力。即便你没有奥林匹克马拉松运动员那样的毅力，也是可以做到的。我的主张是，如果你不把它当成一项任务，而是当成塑造你的一种手段，你就会爱上早起。这样，你就会和我一样，不再把早起当成一种负担。

还没有说服你吗？你不妨先放下顾虑，尝试一下"五步法"。它会重塑你的生活，就像重塑我的生活那样。就从今天开始，只要在接下来的 30 天内，将每天设定的闹钟时间调早 30 ~ 60 分钟，你就能自主选择早起的时间，而不是被动地去接受。是时候用"神奇的早起"开启一天的生活了。这样一来，你不仅能成为那个理想中的自己，还能将你的孩子、家人带到一个前所未有的崭新领域。

那么，你需要在早起的一个小时内做些什么呢？答案就在后续的章节中。而现在，你先静下心来继续阅读本书，直到你将"神奇的早起"的整个流程融会贯通为止。

阿里安娜·赫芬顿（Arianna Huffington）

全球女性创业者的标杆、新媒体女王
新闻博客网站"赫芬顿邮报"创始人
《拯救你的睡眠》（*The Sleep Revolution*）作者

在我人生 95% 的时间里，我每晚都会睡上 8 个小时。因此，在这 95% 的时间里，我不需要依靠闹钟来早起。一觉睡到自然醒，对我来说就是开启一天的最佳方式。

在我的"早起仪式"中，有很大一部分的限定条件是，我不会去做什么。比如，当我起床之后，我绝不会去看智能手机，不会用这种方式开启我的一天。相反，一旦我醒来，我会先花一分钟时间深呼吸、心怀感激，为我的一天奠定基调。

不过，随着时间的推移，我也会做一些小的调整。比如，我住在洛杉矶的时候，就很喜欢在晨间慢走或徒步。我是一个乐于尝试的人，只要能让我学到什么新东西，我都愿意把它加入我的"早起仪式"中。

此外，我并不怎么信任闹钟上的止闹按钮。在我不得不使用闹钟的日子里，我总是把时间尽可能设定得晚一些，然后在"睡过头"（比平时醒得晚）的情况下，依靠闹钟起床。

在经历过人生拯救计划之后，每天早晨我的身体、大脑和精神就像被注入了火箭燃料一样……每一天，我都精神百倍。

罗伯特·清崎，畅销书《富爸爸穷爸爸》作者

预习三 | S.A.V.E.R.S. 人生拯救计划

当哈尔经历他人生中的第二次低谷（第一次，是他在车祸中"临床死亡"的 6 分钟；第二次，是在 2008 年金融危机，他的事业毁于一旦）的时候，他感到无比的失落和沮丧。他尝试了他所知道的一切办法，却仍无法改善自己的现状。

因此，他开始尝试最为迅速，也最为有效的策略，终于将自己推上了更高的层次。他的方法就是寻找当今世界上最受成功人群青睐的自我提升法，然后躬身实践。

最终，哈尔找到了世界上最为永恒，且屡试不爽的 6 个步骤。经使用之人证实，它们是成功的最佳配方。最初，哈尔还仅仅局限于研究其中的一两项，来寻找通往成功的最佳捷径。而直到他问了自己一个简单的问题之后，研究才真正取得了突破：如果我把这 6 项全都做到，又会怎样呢？

然后，他就做到了。在两个月的时间里，他每天将这 6 个步骤

逐个尝试，最终获得了我们称之为"奇迹"的结果。他不仅使自己的收入翻倍，还成功跑下了全程 52 英里（约 83.69 千米）的超级马拉松（这可是一个厌恶跑步、从未跑过 1 英里的人哦）。这 6 个步骤不仅把他拉出失意的谷底，还将他从心理、肉体、情感和灵性 4 个方面推向了更高的层次。

我个人也曾经历过类似的事业上的突破。感谢上帝，虽然当时没有惊心动魄的车祸事故，但这个变革也称得上是惊天动地。现在，我已经意识到，对清晨时间的掌控会直接影响，甚至增加我的财务收入，但仅做到早起，还远远不够。

早起之后，还要完成一些特定的事务。"早起"和"成为百万富翁"，这两个概念都和那 6 个步骤直接相关。哈尔将其称为"S.A.V.E.R.S. 人生拯救计划"。

现在由我来做个总结。我们首先阐述了为什么早晨的时间很重要，接着提供了帮助你向"晨型人"转变的工具和方法。而现在最明显的问题就是：你需要在早晨做些什么？

这一章，我们就来回答这个问题。

将每个早晨利用到极致的 6 个步骤

"S.A.V.E.R.S. 人生拯救计划"是 6 个简要但有效的晨间实践步骤，可以帮助你在各个方面获得提升。它们会赋予你澄明的心灵空间，让你获得一种高层次的、纤毫毕见的内在视野，实现从容计划、完美利用人生的目的。"S.A.V.E.R.S. 人生拯救计划"设立的初衷，就是在清晨助你达到身体、智力、情感和精神方面的顶峰，从而帮你不断地获得卓越感受，使生活品质得到改善和提升。

我知道你在想什么：我没有时间。每天光是准时起床就很难了，哪还有时间再做 6 件事？相信我，这些问题也曾困扰过我。在奇迹的早晨来临之时，我也会睡过头，陷入混乱之中。就像你一样，我没有时间打扮、用餐，甚至如厕，就不得不飞奔出门。必需的活动都难以得到保证，更何况理想的活动。不过，这都是在我尝试"神奇的早起"之前的事情了。现在，我不仅拥有了更多的时间、更多的财富，内心也收获了更多的平静和安宁。

你的"神奇的早起"会为你创造时间，这个秘密必须你亲身去体会。"S.A.V.E.R.S. 人生拯救计划"会帮你重温人生的真谛，帮你认识到早起并不是什么义务，而是机会。同时，它也会帮你更为清晰地辨别事务的轻重缓急，为你指引最为高效的路径。你越沉浸于此，你的每一天也就变得越充实，你就越能远离慌乱、节省精力。换句话说，"S.A.V.E.R.S. 人生拯救计划"不仅不会占用你的时间，最终还会为你创造更多的时间。

"S.A.V.E.R.S. 人生拯救计划"中的每一个字母，都代表着一项经过成功人士反复锤炼的有效实践。从世界顶级影星、专业运动员，到商业巨头、企业家，你会发现，各个领域的精英人士至少都有一项实践和"S.A.V.E.R.S. 人生拯救计划"相吻合。

这就是"神奇的早起"如此有效的原因：你所利用的，是数百年来人类意识发展过程中反复锤炼至今的、最有效的实践方法。进行浓缩整合后得到的这 6 个步骤分别是：

◎ 心静

◎ 自我肯定

◎ 内心演练

◎ 锻炼

◎ 阅读

◎ 书写

记住我下面所说的话："S.A.V.E.R.S. 人生拯救计划"是提升财富的有力工具。完成这 6 个步骤，你就能将新建立的"晨间仪式"的效用发挥到最大，并加快个人发展的速度。它们是为你的生活方式、工作、具体目标量身打造的，不要拖延，你可以在明早起床后就进行尝试。

下面，我们将逐条解释这 6 个步骤。

心静（Silence）：送给自己的第一份礼物

大部分人起床的场景和曾经的我非常类似：闹钟声音大作，我们不得不起床。对他们（可能也包括你）来说，清晨第一个响彻耳边的声音，就是手机或闹钟的尖叫声。

从此时开始，身边的"噪声"只多不少：一个充斥着电子邮件、手机电话、社交媒体、短信和新闻的烦躁生活正在向我们步步逼近。

如果你能停下脚步回头看看，就会不禁思考，为什么我们从早奔波到晚，徒劳地妄想着重新掌握自己的生活？为什么我们常常会感到力不从心？有这些疑问，并不奇怪。

　　S 代表"心静"，这是人生拯救计划的第一步。它能够教会我们用平和、坚定而安静的心态去面对一天的开始，以便迅速减轻压力，让大脑保持冷静，且专注于人生中最重要的事情。

　　但是"心静"并不意味着放空大脑。在"神奇的早起"之中，心静是一种刻意营造的状态，你可以根据自己的需求，安排练习事项。以下是我在"心静"时喜欢做的练习，它们没有固定的次序：

◎ 冥想

◎ 祈祷

◎ 沉思

◎ 深呼吸

◎ 感恩

　　很多成功人士都是每日践行"心静"的高手。就连奥普拉·温弗瑞（Oprah Winfrey）也几乎每天都要做心静练习。事实上，她几乎把"S.A.V.E.R.S. 人生拯救计划"里的每一项都尝试了个遍。音乐人凯蒂·佩里（Katy Perry）、谢里尔·克罗（Sheryl Crow）和保罗·麦卡特尼（Paul McCartney）是"超在禅定派"①的忠实拥护者。影视双栖明星珍妮弗·安妮斯顿（Jennifer Aniston）②、艾伦·德詹尼丝（Ellen DeGeneres）③、杰瑞·宋飞（Jerry Seinfeld）、霍华德·斯

①源于印度，在全球有超过 500 万名拥护者。
②情景喜剧《老友记》（Friends）中瑞秋·格林（Rachel Green）的扮演者。
③电影《海底总动员》（Finding Nemo）中多莉（Dory）的配音演员。

特恩（Howard Stern）、卡梅隆·迪亚兹（Cameron Diaz）、克林特·伊斯特伍德（Clint Eastwood）[1]和休·杰克曼（Hugh Jackman）[2]经常会在访谈中提到他们每日的冥想训练。甚至于著名的亿万富翁、畅销书《原则》（*Principles*）作者瑞·达利欧（Ray Dalio）和世界报业大亨鲁伯特·默多克（Rupert Murdoch）都曾将他们在财富上的成功归功于每日的心静实践。如果你也能坚持进行心静、冥想的实践，就能像上述这些人一样，达到一种美妙而平静的状态。

在著名健身美容杂志 *Shape* 的一篇采访报道中，演员及歌手克里斯汀·贝尔（Kristen Bell）曾说："我每天早上都要做十分钟左右的冥想瑜伽。当你心情不佳（不管是遭遇公路暴力、人际纠纷还是工作不顺）的时候，冥想能帮助你找到所有问题的解决方法。"

冥想需要不断拓宽视野、拓展极限，但你完全没有必要为此感到恐惧。冥想有很多种形式。安吉丽娜·朱莉（Angelina Jolie）在接受《设计师》（*Stylist*）杂志采访时曾说："我的冥想方式，就是坐在地板上陪孩子们做一小时的填涂游戏，或者跳蹦蹦床。只要你做的是你喜欢的事，只要它能让你感到快乐，那它就是适合你的冥想方式。"

心静的妙处

在生活中，压力是忙碌最常见的副作用之一，在通往财富的道路上，亦是如此。此外，各种让人心烦意乱的情况总会逐渐渗入你

---

[1]电影《荒野大镖客》（*A Fistful Of Dollars*）主演。
[2]电影《X战警》（*X-Men*）主演。

的日程表中，打乱你的计划，让你手忙脚乱。你的同事、员工、朋友，甚至家人，都有可能成为让你分心的罪魁祸首。这种情况在你匆忙起床、时间紧凑的日子里尤甚。

而过大的压力会让你的健康状况岌岌可危。它会触发你的"战斗或逃跑反应"（Fight-or-flight response），提高身体的有害激素水平，且往往在持续数天之后才渐渐衰退。相关网站曾介绍，"皮质醇，即我们所说的压力激素，是公众健康的头号大敌。科学家们多年的研究显示，皮质醇水平的提高，会阻断人类学习和记忆的能力，降低免疫系统功能和骨密度，提高体重、血压、胆固醇水平，增大人们罹患心脏病的概率……它的危害远不止于此。持续的慢性压力和不断提升的皮质醇水平还会提高人们罹患抑郁、精神疾病的概率，甚至导致寿命期望值下降"。

短期或偶尔体验这种压力，并不会对健康造成什么影响，问题在于，我们大部分人都是活在这种压力的笼罩之下的。一天之中，你是否注意过自己有多少次处于高压的环境之下？有多少次不得不偏离自己的愿景和计划，去处理一些突发事件？如果你发现在一天中，你始终处于高皮质醇水平之下，那么安静地开启一天的清晨，就会构筑你抵御压力的第一道防线。

"心静"就是一种能够降低皮质醇水平的冥想方式，能有效地帮助你减轻压力、改善身体状况。由国立卫生研究院、美国医学会、梅奥医学中心，以及哈佛大学和斯坦福大学研究人员合作进行的一项大型研究显示，冥想对心理压力和高血压症状有一定的改善作用。大卫·林奇基金会（David Lynch Foundation）享誉世界的精神病专家诺曼·罗森塔尔（Norman Rosenthal）博士研究发现，经常进行冥想的人罹患心脏病的可能性会下降30%。

哈佛大学的另一项研究结果显示，为期8周的冥想可以"提高大脑中的海马体灰质密度。海马体不仅对提高学习能力和记忆力非常重要，还对负责表达自我意识、同情心和自我反省的组织结构有着重要的影响"。

冥想可以帮你放缓大脑运转的速度，使你将注意力重新集中在自己身上（即便是短时间内）。"当我感到人生正在远离我的时候，我就会开始冥想。"歌手谢里尔说道，"因此，冥想放缓了我的生活节奏。"直到今天，她还是会在清晨和晚间各花上20分钟进行冥想，整理思绪。

所谓的"心静"，就是我之前所说的"请您在戴好自己的氧气面罩之后，再去帮助别人"。践行"心静"，会让你的头脑澄明、思维平静，它能减轻你的压力，改善你的认知功能，同时提高你的自信心。

引导式冥想和冥想 App

冥想，和生活中其他的活动一样，熟能生巧。但如果你之前从未做过任何冥想练习，那么你最开始难免会感到有些困难，或者难堪。如果你是第一次尝试，我建议你先试试引导式冥想。

你可以在手机上下载一些冥想 App，或者到网上搜索关键字"引导式冥想"。当然，你也可以通过时长（如"5分钟引导式冥想"）或主题（如"用于提升自信的引导式冥想"）等特点进行分类式搜索。

"神奇的早起"不可忽视的冥想仪式

如果你准备尝试个人型冥想，我这里有一个简单的步骤。即使你之前没有尝试过，也可以快速掌握并将它融入"神奇的早起"晨间仪式中。

开始冥想前，我们应该调整好自己的精神状态，并设定好自己的期望。此时我们应该让自己的内心变成平静的湖面，放下一切执念，什么也不要想，既不要执着于过去，也不要担心未来，完全关注现在。我们要放下所有的压力，暂时抛开一切烦恼，全身心地感受眼下的时刻。认真地想一想，抛开身外之物，撕掉一切的标签之后，我到底是谁？如果你认为这听上去很陌生，或者太新奇，没有关系。因为我也曾为此感到困惑。我的建议是，如果你此前从来没有想过这些问题，那么现在就是最好的时机。其实很简单：

◎ 找一个安静、舒适的地方坐下，你可以坐在沙发上、椅子上、地板上，或者躺在舒适的床上。

◎ 坐直身子，双腿盘坐。你可以闭上眼睛，或者死盯着离身体两英尺（约为 60.96 厘米）开外的地板上的一个点。

◎ 专注于自己的呼吸，让呼吸变得缓慢而深沉。鼻孔吸气，嘴巴呼气。用腹部呼吸，而不是用肺呼吸。正确的呼吸方法应该会让你的腹部扩张，而不是胸部扩张。

◎ 现在，开始控制呼吸的速度。吸气时，慢数三下（一、吸气；二、吸气；三、吸气）；然后屏住气息，慢数三下（一、屏气；二、屏气；三、屏气）；最后呼气，慢数三下（一、呼气；二、呼气；三、呼气）。你在专注呼吸时要让自己的思绪和情绪平静下来。

◎ 要注意的是，当你尝试让自己平静下来时，思绪可能仍然会时而波动，你可以直接释放它们，再将所有的注意力都集中在呼吸上。

◎ 你应该完全地感受此刻。此时的你是一种纯粹的"存在"，没有思考、没有行动，只是"存在"本身。随后继续跟随你的呼吸，想象自己吸入的是积极、爱、平静与力量，呼出的是压力和烦恼。享受安静，享受此刻。

◎ 如果你发现大脑总是在不停地思考，很难完全放空，那么最好的办法就是将自己的思考集中在一个词或一句话上，并在呼吸时不断重复。例如，你可以在吸气的时候想着"我吸入了自信……"，呼气时想"我呼出了恐惧……"。你可以将自己渴望的任何事物替换进去，无论是用爱、信念，还是能量去替换"自信"，还是用压力、担忧、愤恨去替换"恐惧"。

冥想，是一份你可以每天送给自己的礼物。对很多"神奇的早起"的实践者来说，冥想已经成了他们生活中最为享受的活动。我想，是时候从压力和烦恼中暂时解脱出来，感受平静、感恩和自由了。你可以将冥想看成每天的暂时休假。冥想结束之后，虽然烦恼依然存在，但你已经拥有了更强大的力量去解决它。

很多读者往往会跳过这个步骤，转而去看"S.A.V.E.R.S. 人生拯救计划"中形式更为活泼的，或更容易感知的部分。一定要抵制住这种诱惑。无论你是如何实践"心静"这个步骤的，都不要忽视这个重要的步骤。要记住，如何实现"心静"是属于你自己的专属权利，只有你才能决定。

以我个人来讲，我的"心静"修炼通常是躺在床上进行的，这也是为了不打扰我的妻子休息。她睡眠很轻，我这边有什么风吹草动，必定会惊醒她。（不过事先声明：躺在床上进行心静修炼是个高阶的玩法。如果你在灯光全灭的黑暗房间中很容易打瞌睡，那么这个方法就建议你不要尝试了。如果你发现起床仍然很艰难，请严格遵循预习二中最初的"五步法"进行训练。）我躺在床上，努力为自己培养一种感恩的心态，感激我目前所拥有的一切。我一直深信，感恩之心才是造就奇妙人生的重要基石。感恩能帮助你为更远大的追求提供广阔的空间，压缩消极悲观的情绪。

每天清晨我睡醒之后，会先在床上躺几分钟。在此期间，我闭着双眼，庆幸自己有如此可爱的孩子，庆幸我和我的家人都是如此健康，庆幸我的合作伙伴都有着顺遂的工作和人生。这些都是我累积财富和实现人生价值不可或缺的组成部分，而我庆幸，我拥有它们。

> 很感恩，我可以用全新的眼光看待金钱。
> 很感恩，我学会了让自己变得更幸运。

自我肯定（Affirmations）：对潜意识积极编程

你是否好奇过，为什么有的人擅长于某一领域的工作，而且会在该领域接连不断地取得你难以企及的成就？或者，有的人完全相反，把什么事情都搞砸，错失人生中的每一个机会？其实，一个又一个的例子告诉我们，我们的思维模式才是行为结果的驱动因素。

思维模式可以被定义为信仰、态度和情商的累积体。在畅销书作者卡罗尔·德伟克（Carol Dweck）博士的《看见成长的自己》（*Mindset: The New Psychology of Success*）中，她评论道："20 年来，我的研究显示，你的思维往往会对你人生道路的选择产生深远的影响。"

同样，思维模式也是财富创造的关键组成部分，它会通过你的语言、自信程度和行为举止显露出来。你的思维模式会影响你的一切。如果你能向我展现出你想获得成功的心态和思维模式，我就能将你打造成一位百万富翁。

但同样我也知道，在通往百万富翁的崎岖道路上，保持正确的思维模式（自信、热情、充满干劲）有多么困难。在很大程度上说，这是由于思维模式并不受我们的意识思维所左右。相反，在潜意识层面，我们要如何思考、如何行动、信仰什么、说什么等诸多问题，其实已经被一种固定的模式编程好了。

细究下来，这套程序的构建来源于各个方面，如别人告知我们的信息、我们传达给别人的信息、我们或好或坏的人生经历等。它又会通过生活的方方面面得以表达，如我们的感受、想法，以及金钱观等。这也就意味着，我们如果想要更多的财富，就需要更为完善的心理编程。

自我肯定正是实现良好心理编程的方法，它能促使你更集中地聚焦在目标之上，并提供切实的情绪鼓励和积极的思维模式。当你一遍又一遍地告诉自己，你想成为什么样的人，想实现怎样的目标或如何实现这些目标的时候，你的潜意识就会开始转变你的信念和行为。一旦你的信念和行动都步上了正轨，你就会开始将这种自我肯定转化为现实。

科学研究已经证实，如果能够善用自我肯定的方法，它就会成为你最有效的武器，帮助你达成人生中的各种目标。不过，有时候自我肯定也会起到反作用——有不少人在尝试以后，只得到了令人失望的效果。现在，我会向你展示如何对自我肯定善加利用，进而产生让你满意的结果。

然而，几十年以来，无数所谓的专家和大师的观点是，"自我肯定"已经从各种方面被证明无效，它只会使人与成功绝缘。以下是人们在进行"自我肯定"的过程中，经常遇到的两个问题。

问题一：对自己撒谎是不管用的

"我是个百万富翁。"没开玩笑？

"我身体的脂肪含量仅有 7%。"真的假的？

"我已经达成了今年的全部目标。"这么厉害？

谎称自己已经达成了某种目标，正是大部分人进行"自我肯定"却不能奏效的最大原因。

因为每当你在脑海中重播这种建立在谎言上的"自我肯定"时，你的潜意识都在抵制这个谎言。如果你还是一个聪明人，就应该清楚沉浸在妄想和幻觉中的成功绝不是最佳策略。事实和真相是不可磨灭的。

问题二：消极的语言不会产生任何结果

很多所谓的"自我肯定"只会迎合你的欲望开出一张空头支票，让你在短期内感到欣喜。比如，这里有一句世界知名大师们反复鼓吹的口号："我就是一块金钱的磁铁，钱财会源源不断地向我飞来。"这类"自我肯定"虽然能让你在短期内感觉舒爽，却会屏蔽掉你眼前的财务焦虑。它只能营造出一种天下太平的假象，而不会给你带来任何收入。只凭借守株待兔的心理，你将很难成为百万富翁。

为了实现财富上的富足（或者达到你的诉求），你必须付出行动。你必须针对预期的结果，展开相应的行动。而以上两者，都需要"自我肯定"来明确方向、提供保证。

四个步骤，为具体的目标打造自我肯定宣言

在下文中，我将为你提供几个简单的步骤，帮助你打造和实施以目标为导向的"神奇的早起"自我肯定宣言，协助你主动对意识和潜意识进行编程，为你的意识重新定向、实现行为的升级，将你个人和专业的成功推向前所未有的高度。

第一步：确定你下定决心后能达到的最理想结果

你要注意的是，我们的第一步并不是从"你想要什么"开始的。每个人都有各式各样的需求，我们无法获得想要的东西，但我们能得到"决心"获得的东西。你想成为百万富翁吗？谁不想呢？并不只是你一个人。但是，如果你下定 100% 的决心成为一名百万富翁，不达目的誓不罢休呢？现在，你可以接着看下去了。

做法：首先，写下一个你能想到的具体而明确的结果，这个结果的实现对你来说是个挑战，但能够明显改善你的人生。即便你此刻并不清楚如何实现它，但仍需要有充分的觉悟。然后，构想你为何需要拼命达到这个结果，并反复强迫自己加深印象。例如：

我下定 100% 的决心要保持身体的健康，这样我才能有充足的精力去经营我的生意，照看我的家人。

或者：

我下定决心，要在接下来的 12 个月内将我的收入翻倍，从 _____ 元提高到 _____ 元，这样我才能为我的家庭提供经济上的保障。

第二步：确定达成结果所必需的具体措施

当你写下自我肯定宣言的同时，却没有列举你需要采取的措施，那这份自我肯定宣言并没有什么现实意义，甚至会起到一些反作用。

它会对你的潜意识产生一种欺骗效应，让你误认为你所向往的结果无需努力，就能自然而然地发生。

做法：首先，搞清楚你要采取怎样的具体行动，进行怎样的活动或培养怎样的习惯，才能达到你所期望的结果；之后，再明确该行为发生的频率和持续时间等详细信息。例如：

为了确保身体健康，每天早上我要在 6：00—7：00 至少花 20 分钟在跑步机上进行锻炼，每周坚持 5 天。

或者：

为了确保我的收入能够翻倍，每天早上 8：00—9：00，我要翻倍拨打推销电话，从每天 20 通增加到每天 40 通，每周坚持 6 天。

这个确保目标实现的行为越具体越好。要保证你在自我肯定中清晰地列举出行动的频率（多久一次）、数量（共计多少次），以及准确的持续时间（几点开始、几点结束）等信息。

第三步：每天早上带感情地朗读自我肯定宣言

要记住，朗读"神奇的早起"自我肯定宣言并不是为了让你自我感觉良好。这份宣言存在的意义，是对你的潜意识进行重新编程，改变你的信念、思维模式，从而推动你追求理想的结果。它会让你完全聚焦于你最渴望的目标，并积极地采取行动，直到实现。

然而，为了保障你的自我肯定宣言行之有效，你应该带着感情诵读。如果你只是有口无心地反复诵读，而不用心感受它的精髓，那只是在浪费时间。你必须饱含真实的情感，带着激情和决心，并将这些感情完全倾注于诵读的每一条自我肯定中。

你必须弄清楚自己想成为怎样的人，以及你为了实现这个目标需要做些什么，带着这些问题去撰写自我肯定宣言，你才能获得想要的结果。我再重复一次：这不是什么魔法，而是助你实现人生目标的策略性工作。你只有搞清楚自己成长的发展目标，才能距离目标更近。

做法：首先，制订一个每日计划，然后在"神奇的早起"期间大声诵读你的自我肯定宣言。这样做，一来可以帮你重新编程潜意识，二来能促使你的意识专注于关键问题和改善现实的工作之上。没错，你必须每日诵读。如果你只是偶尔进行自我肯定，那就像偶尔进行身体锻炼一样，根本没有作用。除非每天都做，否则你根本观察不到实际的效果。

浴室是你大声诵读自我肯定宣言的绝佳场所。你可以把自我宣言塑封，放在浴室之中，这样就能每日诵读，温故知新。把它放在能引起你注意的地方，比如汽车挡风玻璃上的遮阳板下面，或者直接贴在房间的镜子上。你看到它的机会越多，你的潜意识就越能按照自我肯定宣言去影响你的行为。你也可以用水性记号笔直接把自我肯定宣言写在镜子上。

第四步：经常更新、优化你的自我肯定

随着你不停地成长、进步和蜕变，自我肯定宣言也得跟上步伐。

如果你有了新的目标、梦想，或者你为人生目标找到了新的方向，就把它添加到自我肯定宣言当中。

就我个人来说，我为人生的每一个领域（如财务、健康、幸福、人际关系、亲子教育等）都撰写了相应的自我肯定宣言，并随着我对新知识的吸收和学习时常进行更新。我经常四处搜集名言警句、处事智慧、人生哲学，并将其整合到自己的思维之中。当你遇到一条新的哲理，你就可以想"哇，我可能会在这个领域有很大的提升"，然后只需要将它添加到你的自我肯定宣言之中。

一直以来，我都有几句名言警句和自我肯定宣言常伴左右。我最为钟爱的，就是那些让我对一天的生活充满期待的名言警句和宣言。我喜欢带着积极的情绪面对每一天。最后经过反复筛选，我用以下这些简单的警句告诫自己：

◎ 今天将会是美好的一天。

◎ 今天的事务肯定能步入正轨。

◎ 今日我将践行善举，收获回报。

要记住，一定要为自己量身定做一份自我肯定宣言，并以第一人称写就。自我肯定宣言要具体、言之有物，是你的真情实感，才能充分激发你的潜意识。

总之，你的自我肯定宣言要清晰地阐明你决心达成的具体目标，以及它对你的重要性。最关键的是，要列举清楚你要收获何等水平的成功，以及达到和保持这种成功水平所必需的措施。

顶级财富创造者的自我肯定宣言

为了协助你设计出自己的自我肯定宣言，我将在下文列出一个范例，希望能激发你的创意。如果其中有些条目对你有帮助，你大可以直接引用，我不会介意的。

◎ 我完全有资格、有能力像其他人一样，获得更多的财富。今天，我要用我的实际行动来证明这一点。

◎ 我的身份决定了我的地位，但我今天的选择会影响我的方向。

◎ 我决定每天花 30 ～ 60 分钟，坚持使用《早起的奇迹》和"S.A.V.E.R.S. 人生拯救计划"中教授我的提升方法，这样我才能循序渐进地实现我的人生理想。

◎ 我要每天都致力于学习新事物、提升新技能，坚持每个月读完一本书或重读一本书。

◎ 为了将人生的每一天运用到极致，我决定提升自己，并且坚持下去，永不懈怠、永不止步。

◎ 每周或每月，我坚持选择一天来"放空"自己，提高我的专注力、保持健康的精神和身体，以及提高敏锐的洞察力。

◎ 我决定每天坚持锻炼 20 分钟。

我在这里只是列举出了自我肯定宣言中的几个简单的例子，你可以直接借用，不过最理想的状况是，你能充分利用前面的 4 个步骤，打造出专属于你的自我肯定宣言。只要是在你反复告诫自己之后，有助于潜意识重新编程、形成新的信念或信仰，能潜移默化地影响你行动的一切，都可以添加到你专属的自我肯定宣言之中。

其实，将现有的感知局限性重新编程，构筑崭新的行动是一个激动人心的旅程。自我肯定永远不会有最终的版本，它只会不断地被修改、优化。那么，为什么不从现在开始呢？

具象化（Visualization）：尽情预演未来

具象化，又称作"内心演练"，是世界级职业运动员经常使用的技巧。奥运会运动员或演技精湛的演员会将每日的内心演练作为自我提升、优化表现的一个重要手段。但鲜有人知的是，许多成功的企业家和全球顶级的富翁也会经常采用类似的方法来提高自己的水平。当你在进行具象化的时候，你会运用自己的想象力创造一幅关于未来的高清蓝图，并获得将蓝图转变为现实的强劲动力。

如果你对具象化的作用机制有疑问，可以在网上搜索一下"镜像神经元"。神经元是连接大脑和身体其他部分的细胞，而镜像神经元会在我们进行活动或观察到其他人采取行动的时候发挥作用。虽然这在神经病学领域是一个相对较新的研究方向，但是镜像神经元细胞可以帮助我们在观察他人行为后，在心里预演对他人行为的模仿，并借此提高我们本人的能力。一些研究结果表明，经验丰富的举重运动员可以通过具象化课程提高肌肉重量，而这正是拜镜像神经元所赐。从某种程度来说，我们的大脑有时根本无法区分哪个是生动的具象化结果，哪个是身体的真实体验。

如果你仍对具象化训练的效果持怀疑态度，科学可能会奉劝你，还是把思想和眼界放宽些吧。

> 当你在进行具象化的时候，你会运用自己的想象力创造一幅关于未来的高清蓝图，并获得将蓝图转变为现实的强劲动力。
>
> ◀ ◀ ◀ MIRACLE MORNING MILLIONAIRES

选择你的"具象化"目标

哈尔在应用"具象化"之后，实现了一个极为困难的目标，并为此吃了不少苦头。他厌恶跑步，却向自己（同时也在公开场合）发出承诺，一定要跑完全程 52 英里（约 83.69 千米）的超级马拉松。在为期 5 个月的刻苦训练中，他曾多次在"神奇的早起"内心演练时，"看"到自己从容地系好鞋带，飞驰在人行道上，脸上漾着笑意，脚下虎虎生风。当训练真正开始的时候，他早已对自己的潜意识做好了编程：培训课程在他的眼里，已经成了一段积极而愉快的体验。

你可以随意选择你的具象化目标，既可以是踏上财富之路的关键行动，也可以是暂未掌握纯熟的各项技巧。你甚至可以畅想自己习惯性抵触和有意拖延的行动，从而构造一种强烈的情感体验。虽然具象化的目标是什么并无限制，但你总会找到获得更多回报的方法。

三个简单步骤，完成"神奇的早起"内心演练

具象化和自我肯定宣言配合使用的话，效果堪称完美。这就是你接下来需要完成的"早起仪式"的步骤。当你读完自我肯定宣言的时候，就是你运用具象化技巧将人生方向对准自我肯定宣言的绝佳时机。以下就是成千上万的实践者所笃行的，以完成内心演练的三个关键步骤。

第一步：做好具象化准备

有些人喜欢边听音乐边进行具象化，比如古典音乐或巴洛克音乐，你可以尝试听约翰·塞巴斯蒂安·巴赫（Johann Sebastian Bach）的任一作品。如果你也想尝试，请注意将音量尽量调小。就我个人来说，一切有歌词的音乐都会分散我的注意力。

现在，找一个舒适的地方，无论是椅子、沙发，还是有松软靠垫的地板，请随意。请深呼吸、闭上眼睛、清空你的大脑，拿掉脑海中所有你自己强加的边框和桎梏，做好具象化的准备。

第二步：具象化你最真实的渴望

很多人想象自己取得成功的时候会感到非常不舒服，甚至会害怕；有人无法想象自己成功时的样子；还有人只要想到自己可能把95%的人甩在身后，就会产生内疚的心理。

以下这段话，引自玛丽安·威廉姆森（Marianne Williamson）的著作，或许会引起那些在进行具象化时感觉精神不振或情绪不佳的人的共鸣：

> 我们最深的恐惧并不是自己的不足，而是自己拥有无穷

的力量。我们只是害怕自己的光芒，而不是阴影。我们总是怀疑自己是否会成为一个才华横溢、慷慨大方、魅力四射的人。事实上，我们为什么不能成为这样的人？如果我们碌碌无为，就无法服务世界。我们不能退缩，要带给身边的人安全感。我们注定会光芒万丈，就像孩子们一样。我们注定会将我们的光芒照向全世界，这里并不是指天赋异禀的少数人，而是指每个人。一旦我们开始释放自己的光芒，就能够感染身边的人。当我们不再恐惧之时，身边的人也会觉得放松。

我们能够赠予所爱之人最大的礼物，就是在生活中发挥自己的全部潜能。你真正想要的是什么？暂时忘掉逻辑、忘掉极限、抛开实际。如果你能得到任何事物、能做任何事情、能够成为任何人，你想要什么？你想做什么？你想成为什么样的人？

去看、去感受、去聆听、去触摸、去品味它的每一个细节。调动你自己的一切感官进行具象化。你的想象越生动，你就越可能采取必要的行动将理想化为现实。

第三步：想象并且享受你采取必要行动的过程

一旦你明确了自己真正想要达成的梦想，那就开始思考自己需要成为什么样的人，才能实现这个梦想吧。不过，你在想象时要充满自信，要让自己享受每一个过程。想象自己每天为了梦想而坚持积极的行动，包括锻炼、写作、推销、做报告、公开发言、打电话、发邮件等；想象着你搭建场外风险投资公司，成功保全了资产时，脸上洋溢着的成就感；想象着自己带着微笑在跑步机上挥洒汗水，因为自律而充满骄傲。换句话说，想象你自己正在从事某项活动，虽然这项活动并不合你心意，但你仍表现得享受而从容。想象一下，你真的对这些事物感到享受的情景。

想象一下当你成功推动生意发展、提高了销售额或完成了有效的投资决策时，表现出的决心和自信；想象你的同事、员工、顾客和伙伴对你积极乐观的举止和态度会有什么样的反应。

将自己想象成足以掌控一切的角色，正是你沉着面对人生的第一步棋。

思想、感觉、行为和视野的完美统一

在将清晨朗诵自我肯定宣言和每日的自我演练相结合之后，这会大幅增强你对潜意识的重新编程效果，让自己始终处于追求成功的最佳状态。在每日进行自我演练的同时，你会将思想、感觉、行为和视野完美统一起来。自我演练将会成为克服自我约束信念、自我约束习惯（如拖延症等）最有效的助力之一，帮助你更轻松地专注于实现具体目标的关键行动上。

在"第二部分：成为百万富翁的六堂课"之中，我们会对自我演练进行更深层次的挖掘。当你在构建自己的"百万富翁愿景"时，使用今天我所教授给你的自我演练方法，将会事半功倍。

运动（Exercise）：让身体和精神更清醒

晨练应该成为你"神奇的早起"不可或缺的一部分。每天早晨，

哪怕只锻炼几分钟，也足以让你保持健康。你将发现自己的情绪得到改善，内心变得更加自信，思维也变得更加清晰。你也会逐渐察觉到，你的精气神也大大提高了。

个人能力发展专家、白手起家的百万富翁企业家埃本·帕甘（Eben Pagan）和托尼·罗宾斯（Tony Robbins）都认为，自己能够获得成功的关键因素之一，就在于早起之后会做一遍"个人成功流程"。值得注意的是，两人的"成功流程"几乎都是某种形式的晨练。埃本还谈到了晨练的重要性："每天早晨，你必须让心脏强烈地跳动起来，让血液流满全身，让肺部充满氧气。"他继续说道："不要只是在每天晚上或白天进行锻炼。哪怕你喜欢在白天或晚上运动，也要记得在早晨加练 10 ~ 20 分钟的跳绳或其他有氧运动。"既然埃本和托尼觉得晨练对他们有用，那对于你我来说，肯定也会奏效。

可能你最不愿意参与的运动，就是铁人三项或马拉松训练。现在，你可以想想这个决定是否明智。对于不常参与锻炼的人来说，适当的锻炼会让你感到一种"化腐朽为神奇"的力量。如果你经常参与运动，坚持打卡健身房，那么大可不必用晨练替代你已经习惯的午间或晚间的锻炼计划。然而，在清晨时分增加 5 分钟的运动确实效果非凡，这样做不仅能适当提升血压、血糖水平，还能减少罹患心脏病、骨质疏松症、癌症和糖尿病的概率。最重要的是，晨间的适当运动能自然而然地提升你的精力水平，为接下来的一天提供源源不断的能量，助你朝着梦想狂奔。

你可以遛遛弯、跑跑步，跟着网上的视频练瑜伽，或者找一个

"神奇的早起"搭档一起痛痛快快地打场壁球。你还可以下载一个超棒的 App "7 分钟锻炼挑战"，帮你在短短的 7 分钟里完成一场全身的锻炼。

选择在于你自己：找一款适合你的运动，开始吧。

保持身体的健康并不是伏案一族短期的需求，而是一项需要不懈努力，为即将面临的挑战储存精力的长久工程，而每天早上的短时锻炼就是保持健康的最佳方式。

运动让你更聪明

你可能根本不关注身体健康与否，但如果我告诉你，运动能让你变聪明呢？来自佛罗里达州的医生、营养学家史蒂文·马斯列（Steven Masley）博士设置了一项面向管理人员的健康实践研究，他向我解释了锻炼身体是如何对认知能力产生直接影响的。

"谈到'脑力表现'这个概念的时候，有氧代谢能力是衡量头脑运转速度的最佳指标。也就是说，你是否能轻易爬上一座小山丘，与你的头脑运转速度的快慢，以及认知迁移能力的大小密切相关。"史蒂文如是说。史蒂文利用他在 1 000 多名病人身上获得的临床研究结果设计了一项企业健康计划。史蒂文表示："参与计划的人头脑运转速度平均提升了 25% ~ 30%。"

哈尔将瑜伽作为自己主要的锻炼方式，并在开创"神奇的早起"计划后不久，就开始每天练习。而我，则通常会在遛狗之余举举哑铃。如果我在旅行或出差途中，就会用俯卧撑代替。目前，我正尝试着做 100 个——当然不是一次！

一天尚未开始的时候，你可没有偷懒的借口

大家都知道，想要保持身体健康和精力充沛，就必须坚持锻炼身体。但是大多数人总是会找借口偷懒。其中最主要的两个借口，一是"没时间"，二是"太累"。除此之外，只要你足够聪明，再多、再奇怪的理由你也能编造出来！

这就是要把晨练整合到"神奇的早起"计划中的妙处。在一天尚未开始的时候，你不能拿"太累"当借口。在"神奇的早起"计划中，你再也找不到这样的借口。晨练最终会成为你没有理由不做的事，久而久之，你就会养成每日晨练的好习惯。

法律免责声明：虽然进行晨练的好处是不言而喻的，但我必须强调，选择任何形式的锻炼项目之前，你都应该咨询专业医生，尤其是当你在生理上感到疼痛、不适或身体有残疾时。如有必要，你应当修改甚至取消自己的晨练计划。

阅读（Reading）：随时补充精神食粮

追求成功最为快捷的方法，就是寻找成功人士作为榜样。对于你的每一个目标来说，都有很大的机会能找到一个在相关领域从事相关或类似活动的专家。正如托尼·罗宾斯所说的，"成功总是有迹可循的"。

幸运的是，一些精英人士会将自己的成功经验付诸笔端，以供读者分享。这也就意味着，愿意花时间阅读的人，能在书中挖掘出他们迈向成功的宝藏。书籍，正是你触手可及、用之不竭的宝库。

如果你本身就有阅读的习惯，那么恭喜你！不过，如果你读到此页，发现自己只是个按时上下班的普通职员，且从未对自我提升进行过适当补充，那你仍具有很大的成长潜力。

虽然，阅读不会给你创造出什么直接的成果（至少在短期内），但如果你放弃阅读，势必会被其他低级、无营养的坏习惯带偏。相较之下，还是养成持续的阅读习惯能让你获益更多。

想要涉足商界吗？想提升销售额吗？想寻找靠谱的员工吗？想通过房地产发财吗？想改善情绪吗？想变得更高效、更富有、更聪明、更幸福、更能干，总之就是更厉害吗？那么你算是找对方向了。无论你想学什么，都能从相应的书籍中获得。

我偶尔会听到有人说："我太忙了，根本没时间看书。"我了解这种想法，我曾经也是这样想的。

但后来，我想起了导师的话："人类历史上最卓越的大脑们，花了数年时间绞尽脑汁地将他们的所学所知浓缩成几页纸，还只卖几美元。只需读上几小时，就能缩短你数十年的学习路程。然而你却对我说你太忙了。"天哪！

你只需每天花上 20 分钟、10 分钟，甚至 1 分钟，就能摄取到足以滋润你整个人生的宝贵精华。不妨试一下前文中提到的策略，在开启每天的生活之前，少花 5 分钟刷视频，或者在吃午饭的同时读几页书，同时填饱你的肚皮和大脑。

这里有些书（详见推荐书单），是我和哈尔推荐给大家的，可作为你养成阅读习惯的开始。一旦点燃了阅读引擎，你就会发现自己根本停不下来！

无论是想改善人际关系、增强自信，还是想提高社交技巧、学会赚钱，你都可以走进如今的图书馆、书店，或到网上书城找到相关的书籍。你会发现，你提到的各个领域，都有数不胜数的书籍能够帮助你。

> 一旦点燃了阅读引擎，你就会发现自己根本停不下来！

◀ ◀ ◀ MIRACLE MORNING MILLIONAIRES

到底应该读多少？

我建议你每天至少读 10 页书。如果你不喜欢读书或者阅读速度慢，刚开始读 5 页也可以。10 页书听上去并不多，但我们不妨计算一下，如果用数量来衡量，每天读 10 页，一年下来就是 3650 页。如果把个人发展类或励志类图书按照每本 200 页来计算，这就相当于 18 本书！当读完 18 本个人发展类图书之后，你试着想想自己会有怎样的收获。你的知识量、能力和信心绝对会有质的飞跃。而这只需你每天花上 10 ~ 15 分钟的时间（即便阅读速度慢，也只需要 15 ~ 30 分钟）。

如果你能在接下来的 12 个月内读完 18 本个人或专业发展类图书，你觉得你的思维、信息获取能力、学习能力会上一个台阶吗？它们会帮你加速获取成功吗？你会变得更优秀、更有能力吗？这些成果会反映在你的经营成果中吗？那当然了！每天花一点时间读上 10 页书，虽然不能让你一飞冲天，但会在潜移默化中把你推上一个又一个台阶。

对我来说，读书最有效的方式，就是收听有声读物。我通常在早晨读纸质书和电子书，但有声书能帮助我在散步、工作、驾驶的同时获得助益。

比读书更重要的是实践

读书的时候，要明确最终的目的。你为什么要阅读这本书？你想从中获得什么？市场上各类图书浩如烟海，你必须先花点时间搞清楚这两个问题。

书并不一定要从封面读到封底，甚至不需要你读完。但你要时刻记住，这是你的阅读时间。读书之前先翻阅目录，确定你所读的都是你想了解的部分，如果发现正在读的书无趣，你大可以放下手中的书，转而去读另一本。因为与其花时间读完一本质量中等偏下的书，你倒不如把精力放在能获得更多收获的其他方面。

如果你所阅读的书籍不是从朋友或图书馆借来的，我希望你能在阅读的时候随时画线、画圈、标亮、折页，并在书页空白处做笔记，这样才能在重读的时候快速获取关键的要点、想法和知识，而不用通读全书。

如果你使用的是电子阅读器，如 Kindle、Nook 或苹果手机上的 iBooks，那做笔记和标亮就会非常便捷，你可以在翻阅图书的过程中很清晰地寻找到。或者，你可以直接查询笔记和标亮部分的列表。将书中的要点、见解或值得背诵的段落在日志中加以浓缩整理，就能建立一个浓缩的检索库，无论何时重读，你都能以最快的速度（在几分钟之内）找到重点。

我强烈建议你将优秀的个人发展类图书多读几遍，这是一个常人尚未发现的高效方法。很少有人读一遍就能彻底地吸收一本书的精华。如果你想精通一些领域，就需要不断地重复。对于某些重要的书，我通常都会读上三遍，然后在一年之内不断翻阅。为什么不从这本书开始做起？向自己做个承诺，一旦你读完本书的最后一页，马上从头开始重读，以此加深自己的印象，为自己提供更多的学习时间，争取深度掌握"神奇的早起"。

最重要的是，在你读书的过程中，你需要设立一个时间表，按部就班地去实施读到的策略、观点和技巧，这样才是迅速掌握书中理论的最佳方法。就按照字面意义去理解：完全按照时间表去阅读，并设置相应的模块，将阅读的内容付诸行动。千万别变成个人发展类书籍的"瘾君子"：嗜书成瘾，却懒于实践。

我曾经见过不少人，谈起自己阅读量的时候满脸自豪，就像展示荣誉勋章一般。然而，相比于花时间读上十本书，但拒绝实践，踏踏实实地把在一本书中学到的知识演练一遍显然更有效。虽然读书是获得知识、见解和策略的绝佳方法，但实践才是让你的人生和事业不断前进的不二法门。

书写（Scribing）：从日记开始

书写，就是和"写作"有相同意义的另外一个词语。实际上，我们需要一个 S 开头的字母来凑齐 S.A.V.E.R.S. 这个缩略词，而 W（Writing）派不上用场。作为"神奇的早起"最后一个环节，写作能让你写下自己的感恩之情，记录自己的洞见、观点、突破、领悟、成功、经验、机会、个人成长和进步等。

大部分"神奇的早起"实践者都会在早晨花上 5~10 分钟写日记，将自己的想法从头脑中提取出来，付诸笔端，努力升华自己的思想境界。通过这种方式，他们不仅能让自己头脑澄明，也能防止宝贵的洞见从脑海中悄悄溜走 。

如果你像哈尔以前一样，那你可能也囤积了不少从未使用过或者只写过几页的日记本。在开发了"神奇的早起"之后，哈尔才开始坚持每天写日记，并逐渐将其变成了自己最为钟爱的习惯。正如托尼·罗宾斯多次表示的那样："一段值得记录的人生才是有价值的人生。"

写日记可以帮你记录每天的收获，有助于你整理自己的想法。而如果重读日记，你将得到更大的收获。尤其是在年末的时候，逐字逐句地阅读日记，回顾自己一年的经历，会让你受益良多。你永远也想不到，精读甚至翻阅曾经的日记会有多大的用处。我的作品《房地产交易商的晨间奇迹》（The Miracle Morning for Real Estate Agents）的合著者迈克尔·马厄（Michael Maher）是"S.A.V.E.R.S. 人生拯救计划"的狂热实践者。在他的晨间流程之中，有一个环节就是在"祝福之书"上写下自己的赞赏和肯定。

迈克尔曾说："你所赞赏的，最终会反过来赞赏你。我们应该把贪得无厌地追求事物，转变为对已拥有之物的赞赏和感恩。写下你的感谢，学会感恩、学会赞赏，你就会拥有所渴望的一切——更融洽的人际关系、更富足的生活、更幸福的人生。"

虽然写日记的好处不胜枚举，但我还是要在下面列举一些我最重视的益处。

坚持每天写日记，可以让你：

◎ 思维更加清晰：写日记不仅能让你的思维更加清晰，帮助你了解过去和现在的境遇，激起头脑风暴，划分好事情的轻重缓急，还能帮助你解决难题，为每天做好计划，从而获得更美好的未来。

◎ 捕获灵感：写日记能捕获、组织、拓展你的思维，防止你遗忘重要的灵感，以备未来之用。

◎ 回顾经验教训：写日记可以为你提供记录和参考，让你回顾自己所学的知识，帮你从以往的成功中汲取经验，从失败中获取教训。

◎ 检阅自己的进步：年终时重读自己一年的经历（或每周回顾一次），感觉会非常奇妙，你可以看到自己的进步。这是你人生中最为励志、自豪和享受的体验之一，是其他方式所不能复制的。

◎ 提升记忆力：人们总觉得自己记忆力超群，但如果没拿清单就去买东西，很可能会在商店感到迷茫。一旦我们把内容写下来，就能更容易地记住。即便忘记了，也能按图索骥地回想起来。

如何高效地写日记

下面三个步骤，可以让你马上开始养成或修正写日记的习惯。

1.**选择合适的日记形式。**首先你要选择是使用纸质还是用电子设备（如电脑或手机）记录日记。如果很难做出选择，不妨都做尝试，然后选出更适合的方式。

2.**买一个日记本。**假设你选择了纸质的日记。虽然任何本子都能写日记，但那本日记很有可能会陪伴你的余生，所以最好还是选择漂亮又耐用的本子。我喜欢带有漂亮的皮质封面、内页上有横线的本子。但喜好因人而异，所以要按照自己的心意做好选择。有些人喜欢无格无线的本子，这样就可以在上面随意地写画、构建思维导图。有些人喜欢每页印有日期的本子，这样就能随时回到生命中的任何一天。

这里有几种我最喜欢的纸质日记，你可以在 TMM 的 Facebook 社区上找到：

◎ 五分钟日记（FiveMinuteJournal.com）：五分钟日记在顶级玩家中的人气非常高。使用时它会给你一些提示,如"我今天最感恩的事情是……"或"今天最棒的事情是……"一般用它记日记只需要 5 分钟或更短的时间，同时它还有"夜晚"模式，允许你回顾白天的经历。

◎ 自由日记（TheFreedomJournal.com）：可以为你提供一个结构化的日记模板，帮你聚精会神地解决单一目标：在100 天之内，完成你的每日目标。这是由每日播客"企业家如火如荼"（Entrepreneur On Fire）的开创者约翰·李·杜马（John Lee Dumas）设计的个人提升项目，可以帮助你设立人生重大目标，并逐一实现。

◎ 计划（The Plan）："传奇人生计划师"（Your Legendary Life Planner）由我和大卫的好友联合创立。这是一套高效的目标设定和习惯追踪系统，旨在为有志于获得人生平衡，并完全掌控人生归向的精英人士打造人生计划。

◎ "神奇的早起"日记（MiracleMorningJournal.com）：由我设计开发，专门用于加强和支持用户的"神奇的早起"计划，让用户的生活更有条理、更为可靠，还能协助你随时追踪你的"S.A.V.E.R.S. 人生拯救计划"。你可以访问 TMMbook 下载"神奇的早起"日记试用，看看它是否能满足你的需要。

如果你更喜欢电子版日记，选择也非常多。这里是我比较喜欢的几款应用：

◎ 五分钟日记（Five Minute Journal.com）也提供 iPhone 应用版本，形式和纸质的五分钟日记完全一致，不过你可以在每天的日记中上传照片，保留视觉记忆，也可以在每天早晚设置备忘录，非常方便。

◎ 第一天（DayOneApp.com）也是一个人气很高的日记应用，如果你不想受到格式或字数的限制随意书写，那它将会是你的最佳选择。"第一天"会为你的每一篇日记提供完全空白的界面，如果你喜欢写长篇的日记，就会发现这个应用非常好用。

◎ Penzu（Penzu.com）也是一款在线的日记应用，而且不需要你拥有 iPhone、iPad 或安卓手机这些智能设备，只要有电脑就可以。

我再重申一次，选择哪种形式的日记完全取决于你自己的偏好。在网上搜索"在线日记"或在 App 商店里搜索"日记"，你会有很多的选择。

3. **每天写日记。**我的日记一般只记录两种内容：我的想法和我的目标。当我每天早上坐下开始写作的时候，如果大脑正处于忙碌活跃的状态（这一般取决于我当时的经历），我可能会有两种选择：写下长篇大论，或者写下只言片语。对我来说，这取决于当天的情况，写下这么一两页纸的文字，可能只需 5 分钟，也可能会花上 30 分钟。

生活中有无穷无尽的事情可以记录，比如你想要读的书、你今天感恩什么、你在今天要优先办好的三件或五件事等。也不是把遇到的所有事情都详细记录，你可以记录一天当中让你感觉良好或者完美的事情。

不要为语法、拼写或标点符号这类琐碎的问题而苦恼，你的日记就是一片让思绪信马由缰的草原。让自己内心的批评家闭上嘴，也不要做任何的编辑，只要写就好了！

即使只有 6 分钟，也能完成"神奇的早起"

我知道，你最初可能会踌躇几天，并不想立即将"S.A.V.E.R.S. 人生拯救计划"付诸实践。没有关系，你大可以将"S.A.V.E.R.S. 人生拯救计划"进行拆分，按照适合自己的方式执行。基于你个人的时间安排和偏好，我想向你分享一些将"S.A.V.E.R.S. 人生拯救计划"个性化的经验。可能由于时间限制，你目前的晨间流程只允许你在 6 分钟、20 分钟或 30 分钟内完成，但你可以在周末花上更长的时间。

以下案例是根据"S.A.V.E.R.S. 人生拯救计划"制定的最常见的 60 分钟"神奇的早起"流程。

60 分钟"神奇的早起"案例：

◎ 心静（10 分钟）

◎ 自我肯定（5 分钟）

◎ 具象化（5 分钟）

◎ 锻炼（10 分钟）

◎ 阅读（20 分钟）

◎ 书写（10 分钟）

这些步骤的顺序是可以随意调换的。例如，我会在"心静"结束之后，烧上一壶水，然后开始写作；随后，我喜欢阅读之前制定的目标（这也算是"阅读"环节的一部分），然后再读上几页书。

上述环节都完成之后，我就可以去锻炼身体了。哈尔也喜欢先从平和但目的明确的"心静"环节开始，这样他能逐步地清醒过来，清空思绪，并斗志昂扬地将精力集中起来。

最重要的一点，你的"神奇的早起"由你做主，你可以随意调换任何顺序，只要适合自己就行。

万事开头难。所有新的体验开始时都会让人感到不舒服。只要多次进行"S.A.V.E.R.S. 人生拯救计划"的练习，你就会慢慢适应，越来越自然地接受它。哈尔在第一次冥想的时候，感觉自己的大脑就像在开法拉利，横冲直撞，无法控制。但现在的他已经深深地爱上了冥想，虽然称不上什么冥想大师，但他至少已经相当熟练。

同样，我在刚开始撰写"神奇的早起"自我肯定宣言的时候，我从《早起的奇迹》中摘抄了一部分，然后又糅合了我脑海中的一些想法。随着时光流逝，我一旦遇到足以震撼到心灵的事物，就将它们添加到自我肯定宣言中。现在，我的自我肯定宣言不仅独一无二，还充满意义，让我每天在使用过程中愈发得心应手。

因此，我真诚地邀请你们从现在就开始执行"S.A.V.E.R.S. 人生拯救计划"，这样就能在奖励章节 I 的"30 天'神奇的早起'挑战"到来之前，尽快地熟悉它们，并调整到最适合你的状态。

如果你最大的担心仍是"没有时间"，没关系，你可以将"神奇的早起"持续的时间按照比例缩小，直到符合你的要求为止。你可以在 6 分钟之内，汲取"S.A.V.E.R.S. 人生拯救计划"的全部精华。虽然在日常情况下，我不太建议你将"S.A.V.E.R.S. 人生拯救计划"压缩到 6 分钟内完成，但在时间紧缺的日子里，这样做也未尝不可，你可以将 6 个步骤拆分到每一分钟内完成：

◎ 第一分钟（S）：闭上眼睛，享受平和而有意义的静心一刻，清空你的思维，把注意力集中到即将到来的一天之上。

◎ 第二分钟（A）：大声朗诵每日的自我肯定宣言，思考你想要达成的目标是什么，这个目标为什么对你很重要，你需要采取哪些必要的行动。最重要的是，下定决心去完成以上行动，为获得自己想要的人生奋斗不息。

◎ 第三分钟（V）：闭上眼睛，想象自己今天顺利地完成达成目标所需的所有行动。

◎ 第四分钟（E）：站起身来，做 50 ~ 60 个开合跳，或者尽可能多地做俯卧撑或仰卧起坐，重点是要提高你的心率，激发你的身体机能。

◎ 第五分钟（R）：拿起一本书，读上一页或者一段。

◎ 第六分钟（S）：拿起你的日志，写下你感恩的事物，以及你承诺当天要做到的最重要的事情。

　　我知道你此时的想法：原来，即便是在短短的 6 分钟之内，"S.A.V.E.R.S. 人生拯救计划"也可以将你的一整天拉上正轨。当然，在之后的过程中，只要时间允许或机会闪现，你可以再付出更多的时间，充分执行"S.A.V.E.R.S. 人生拯救计划"。在时间紧迫的早晨，"6 分钟的神奇早起"是一个建立"微小习惯"的好方法，能助你建立信心，提升情绪和能量水平。

另一个建立"微小习惯"的好方法，就是在早起的同时开展"S.A.V.E.R.S. 人生拯救计划"当中的某一个环节。随着你起床的时间越来越早，你也就能越来越多地尝试其他环节。不过要记住，你挤出时间来是为了追求个人目标、完善思维模式。如果你觉得压力太大，难以承受，那效果必定会不尽如人意。时刻谨记：实践总是比持续的时间更为关键。无论是多么微小的习惯，都要用实际的行动去搭建，而后才能慢慢延长持续的时间。

就我个人来说，我的"神奇的早起"就是在不断地汲取灵感和推翻重建中逐渐形成的，而这两者都是我非常钟爱的环节。即便是体验一个删减后的版本，也远远强过什么都不做。

"S.A.V.E.R.S. 人生拯救计划"就是我们为你提供的全套工具：充分了解早起的重要性，掌握早起的技巧，利用好你的早晨，你就能成为梦寐以求的"晨型人"。

下面是交出接力棒的时候了。在第二部分中，我们的主题将从"早起"转到关键的理论和实践之中，从而将你打造成百万富翁。

霍华德·舒尔茨（Howard Schultz）

星巴克创始人兼全球首席执行官

将星巴克变成全世界让员工最有归属感的跨国公司之一

我每天早上 4∶30 起床，去遛我的 3 条狗，顺便做些运动。大概在 5∶45 的时候，我用波顿（Bodum）8 杯量法式滤压咖啡壶为自己和妻子煮咖啡。这绝对是在家煮咖啡的最佳方式。

第二部分

成为百万富翁的
6 堂课

百万富翁知道，你现在的一切是你过去如何思考、决定和行动的结果。早起的真正价值就是，在那段安静的时间里，当世界都在沉睡，而你却完全掌控了一切。

无论你多么喜欢你做的事情，让你的时间得到物质性的回报，永远都是最重要的。

琳赛·蒂格·莫雷诺（Lindsay Teague Moreno）
奇迹妈妈、CNBC 频道特别报道的影响力女企业家
《财富自由笔记》（*Boss Up!*）作者

第一课 | 做出选择：你到底想不想变得富有？

想象一下，你作为一名选手，正在一个有奖竞赛节目的现场。你一路过关斩将，现在距离最后的终极大奖只有一步之遥。摄影棚内的观众，也一直为你摇旗呐喊、欢呼鼓劲的人群都不约而同地屏住了呼吸，四下一片寂静。

主持人拿过麦克风。

"欢迎来到最终的试练。"他大声宣布，"这是一场漫长的战斗，但你都挺过来了。完成最后一项挑战，你就会获得终极大奖——你的债务将全部清零，还会得到免税的一百万美元奖金！"

哇哦，你不由得咋舌。我的天，梦想就要成真了。

"只要赢了这一局，"主持人带着一种不容置疑、戏剧性的口吻大声对你说道，"你就能成为百万富翁！"

此时，人群热烈地欢呼起来。灯光变得暗淡，舞台上，大幕缓缓拉起。

在聚光灯的照耀下，出现了两扇门。

观众们激动地交头接耳。

"在其中的一扇门后，"主持人说道，"就是今天的终极大奖。"

你想着：真不错，有 50% 的概率，我能行！

你刚准备张口，主持人就打断了你。"稍等！"他说道，"规则还没说完！"

你开始纳闷，还有什么没说完？

周围开始响起了鼓声。

"大奖就在，"主持人夸张地挥舞着手臂，"左边的门里！"灯光闪耀，喧闹的音乐响起，观众开始沸腾！

"嗯……"当现场再度恢复安静之后，你木然地回应道，"你刚刚是告诉我要选择哪一扇门了吗？"

"没错！"主持人大声说道，"我是告诉你了！"

"那么……我还要选吗？"

"当然。"主持人欣然答道，"如果你想成为百万富翁的话，直接选择就好了。"大概就在这个时候，闹钟响了，你醒了过来。很明显，刚才的一切都是一场梦。

难以置信的是，这正是你和其他所有人正面临的一个选择，也是白手起家的百万富翁们曾经做出的选择。他们和你一样，都曾经面临过与这个梦境类似的选择。而这个选择，归根到底就是一个简单的问题：你到底想不想变得富有？

因此，在踏上通往百万富翁的道路之前，你需要搞清楚最重要的问题：门后面有什么并不重要，重要的是你要做出选择。

你的平行人生：不一样的"选择"

人生存在着一条鸿沟，它将"我们是谁"和"我们能成为谁"划分为两个区域，遗憾的是，我们大部分人都选错了边。

这条鸿沟会让我们黯然神伤。在内心深处，我们知道自己的潜力还远远没有被挖掘出来——我们还能做得更多、站得更高、拥有更多。

举例来说，贫穷并不是我们痛苦的根源，真正让我们痛苦的是：我本可以不这么穷。这种潜在的未实现的可能性一直在蠢蠢欲动。

而这份不满足感会让我们花上大把的时间去思考，究竟要采取何种行为，才能得到想要的结果。

这样一来，留给我们付诸行动的时间就不多了。我们往往知道自己需要做什么，但就是不去做。

在这些情况下，我们通常会理所当然地认为自己忽略了什么。当你看到他人绝尘而去，就会猜想，原来他们已经洞悉了那个秘密，那个我们所忽略的秘密。

肯定没错，他们势必拥有着一些你没有的秘笈、绝活或者源源不断的意志力，才最终成为人生赢家。

事实上，这些都不是真的。

在我和许多百万富翁的交往过程中，发现他们和常人之间最大的差别在于，他们是主动选择成为有钱人的。

如果有所谓的"秘笈"存在，那么就是他们所理解的"选择"和你所理解的并不相同。

"我想变得有钱" ≠ "我会变得有钱"

最近，我的几个朋友来找我寻求建议。他们想借助房地产投资走上致富之路，让我帮着分析分析。

房地产投资我倒是轻车熟路，这也是我积累财富的主要方法，我做的房地产生意每年的销售额能达到数十亿美元。

他们从一分一厘开始，存下了 70 万美元用以创业。他们加入的研讨小组正劝说他们投资 35 万美元，并教他们如何快速转手，挣一笔快钱。

此时此刻，他们几个正站在我家厨房里，询问我对这个项目的看法。

我这几个朋友抛过来的问题堪称难中之最。和地球上的其他人一样，他们想要变成有钱人，变成百万富翁。他们真正想要询问的问题其实是："我们怎么样才能在不努力的情况下，变成有钱人？"

我猜你应该知道问题的答案。

我的朋友都是些善良的人，他们真的很想变富有。

但不幸的是，他们所欠缺的正是每个百万富翁共有的特质：自我选择成为有钱人。

受这种问题困扰的可不只有他们几个。很多人都认为自己很想成为百万富翁，但其实他们并不想。"我会变得有钱"和"我想变得有钱"，是两个完全不同的概念。想要并不是结果。想要只是买了彩票，然后等待天上掉馅饼。如果连目标都没有，还谈何"开火"。

选择，意味着抉择、计划、采取行动。这些才是通往财富道路的必备要素，但这些要素没有一个是能随随便便应付就能完成的。它们都需要你做出艰难的决定和详细的计划，需要你付出很多、很多的行动。

在每个流程中，你都需要做出选择。每天早晨，你可以选择在起床后浑浑噩噩地度过重复的一天，但也可以选择努力变得富有。关键在于，你的抉择是"会"变得富有，还是"想要"变得富有。

想要，只是一个愿望，仅此而已。而选择，才是你采取行动的第一步。

"想要"，正是人们为实现"挣快钱"的梦想，而让自己的辛苦钱打了水漂的罪魁祸首。我的朋友们费尽心力存下了 70 万美元，现在却想拿出一半付给别人，只因为对方可以"教他们挣一笔快钱"。

事实上，他们完全可以每天早起一小会儿，读上两三本关于地产投资的书籍（这些书籍即便不免费，也花不了几个钱）。

在"想要"致富的语境下，花重金购买免费情报姑且可以算作探求致富捷径的一种方式。但在"会变得有钱"的语境下，将自己半数的财产转交他人，只为了获得几份廉价，甚至免费的情报，就等于你把这 50% 的财产打了水漂。

"想要"正是人们热衷于买卖投机的原因，他们认为这就是一笔毫不费力就能赚来的财富，就像吃角子老虎机，就像彩票。

看来，我的朋友们并不太想通过房地产投资致富——至少他们还没做好准备。他们需要的是致富的"捷径"，想找到房地产投资的"窍门"。不幸的是，我手上没有他们想要的东西。这些捷径或许存在，但这不是什么随便就能要过来的东西。

我能给他们的忠告，同时也是我要提醒你们的，就是那句老话：早起的鸟儿有虫吃。当你每天从睡梦中醒来，财富积累就已经开始了。只需每天做出各种选择，将精力集中在你生命的某些黄金时段，你所拥有的能量和资源就会转化成财富。

这算不上什么人生秘笈或诀窍，也不是什么特殊的技术。你的错误在于，你只是"想要"，而不是"选择要"。

两者的意义天差地别。

那到底什么才是"选择要"呢？毕竟，就像我们在开头所举的虚拟闯关游戏的例子，如果你"选择要"成为百万富翁的话，你最好搞清楚这到底意味着什么。

真正的百万富翁都做了 4 个选择

首先，有几个关于"百万富翁"的概念问题需要我们澄清一下。

和许多人臆想的不同，仅凭"挣钱"并不能使人致富。虽然年薪百万也会对财富积累有一定的促进作用，但它并不会让你成为百万富翁。

通俗小报上的这类故事比比皆是：某运动员或明星，虽然能在他的职业生涯中年入百万，但最终却是身无分文。

即便你挣着 6 位数的年薪，但房子和信用卡的负债达到资产的 10 倍之多，你依然算不上百万富翁。

成为百万富翁的唯一方式，就是拥有百万美元以上的资产。

如果你想得到更准确的答复，我可以告诉你，你需要拥有一百万的资产（不包括房产），才算得上是百万富翁。毕竟你需要一个容身之所，因此在计算的时候，最好将房产从你的资产中去除，单纯考量净资产。

第一个选择：选择去积累财富

每天都有人跻身百万富翁的行列。

实际上，很多中产阶级的人都可以通过储蓄和投资成为百万富翁。如果你想采取激进的方式，那就取出你的 401K[①]养老保险，省吃俭用，把拥有的每一块钱用于储蓄和投资，最终你总会实现成为百万富翁的愿望。

但这不是本书推崇的方式。《早起的奇迹》是一本关于掌控的书。你并不需要早起去银行挤兑 401K 养老保险（其实你向工作单位的人力资源或财务部门打个电话就可以申请）。这是一本积极的书，但不是一本激进的书。

这本书的重点，是鼓励你每天采取行动。这就意味着，想要实现目标，当我们在讨论选择成为百万富翁的时候，其实我们是在讨论：

◎ 如何着手、做大你的生意。

◎ 如何做房地产或其他形式的杠杆投资。

◎ 如何在保全你的饭碗的同时，做大你的副业。

---

① 401K 计划始于 20 世纪 80 年代初，是美国一种由员工、雇主共同缴费建立起来的完全基金式的养老保险制度。

如果你赚钱的需求并不急迫，大可以采取传统的投资方式，每天早上做做功课足矣。但如果你想要实现本书中的目标，就必须将眼光放得更长远一点。

通往百万富翁之路面临的第一个选择，就是你需要"选择去积累财富"。

第二个选择：制定相关战略

在预习二中，我们列举了"五步法"来帮你早起。截至目前，已经有成千上万人通过"五步法"战胜了晨间的文饰作用。"五步法"奏效的奥秘，在于它其实是为实现某种特定目标而设计的行为序列，能够帮助大家战胜睡魔、更早起床，从而提升起床激励水平。这和设定好闹钟，随后听天由命、放任自流的方法大相径庭。

因为这两者，一个是愿望，而另一个是选择。

当"选择要"变得富有时，你会注意到，有些东西正在悄悄地改变。这种改变最初缓慢、微妙、难以察觉，但随着时间的推移，你会注意到，你的选择和行动也会因为财富的累积而逐渐变得笃定起来。一旦你做出了第一个选择——积累财富，你就会开始察觉到自身行为的转变。这就意味着，你在处理自己的财产和人生的时候，变得更具有战略性了。

不妨做个类比。假设你最初设定的目标并不是成为百万富翁，而是减肥塑形，拥有一副好身材。如果你下定决心为目标努力奋斗，即你选择变瘦，而不是单纯臆想，那么你所做出的各项选择都会随之改变。

◎ 在购物时，你肯定会倾向于选择更加健康的食品。

◎ 想去某地，既可步行也可驾车，你很有可能会选择步行。

◎ 明天早上，你可能会觉得"早起锻炼身体才是更健康的
　选择"，这样就会督促你早起，而不是赖床。

如果你能预见更加强健的自己，你必然会以不同的方式看待人生中的各种选择。以此类推，当你决定成为百万富翁的时候，你肯定也会做出相应的行动，以实现预见的结果。

如果你决定买一栋房产，你可能会选择购买出租公寓，这样就能节省成本，用于其他投资。

在决定是要租一辆难以负担的豪车，还是买一辆型号稍旧的老款车时，认清你的需求，究竟是为了节省开支、以图富有，还是和邻居攀比、满足虚荣。

早晨，你可能会想"不，如果我想变成有钱人，就必须早起，按照计划努力成为百万富翁"，这样一来，你就不会赖床。

就像你为减肥塑形、保持健康而努力一样，当你选择成为百万富翁的时候，你也需要形成相应的战略。从一个崭新的高度来审视自己的生活，将积累财富作为现阶段工作的重中之重。

第三个选择：实现资源的最大化利用

在许多人眼中，致富的手段无外乎以下这种朴素的方式：节衣缩食，精打细算，努力攒钱，认真工作。长此以往，我肯定能节省出一个百万富翁来。对这些人来说，成为百万富翁，就意味着死盯

着储蓄账户的余额不放，慢慢地将之积攒成 7 位数。仅此而已。

实际上，仅凭储蓄成为百万富翁难如登天。如果你的收入水平较高，也并非全无可能，但高收入，往往也意味着高支出。

事实上，你所需要做的，就是将手头上拥有的资源利用到极致。只有将自己的金钱、时间和精力善加利用，你才能实现财富倍增。要知道，储蓄并不能使你的财富倍增（至少不能短期倍增），它只是一个缓慢增长的过程。加班也不能倍增你的时间，只会压缩你本可以用来陪伴家人、朋友的时间。

因此，富人们决定吃透"倍增"的奥秘。他们通过投资、雇佣等方式，将自己的时间和财富进行有效分配，通过撬动杠杆，实现效用的最大化。

后文中，我们将用一整章的篇幅为大家详述杠杆的效用。眼下你只需要记住，只要明天能按计划早起、完成你的晨间流程，就等于在你有限的时间上加了杠杆。也就是说，在你阅读此书的过程中，你已经开始为时间的"倍增"做出努力了！

> 把今天的时间分配给那些可以为明天创造更多时间的事情，你的时间就可以倍增。

◀ ◀ ◀ MIRACLE MORNING MILLIONAIRES

第四个选择：选择去改变，才会真的改变

有句老生常谈的话：没有什么方法是万试万灵的。

这句话虽是老调重弹，但从眼下来看不仅完全正确，而且值得深思。你目前所处的生活状态，从你的工作，到你的健康、人际关系、财务状况等，都是你以往的选择所造成的。

比如，你目前的工作，正是你之前在人生的某个节点所做出的选择。无论你是否意识到这一点，你过往每一天的选择都共同造就了现在的你。你总以为你所从事的工作是你无从选择、必须执行的，但事实并非如此，它不过是你做出的一个选择。

你是否在为因生活方式不健康而增重了 10 斤甚至 20 斤而烦恼？它只不过是你在每天、每周、每月和每年所做出的成千上万个选择共同造成的结果罢了。

你的爱人呢？你的朋友呢？

他们都是你的选择。

你摆在家中的家具、塞在冰箱里的食物、你开的车，它们都只是你的选择而已。无一例外，都是你过往行为的结果。

变得富有，也不过是万千选择之一，和它们没有什么区别。

节省 10 分钱的硬币，这是一个选择。如果你省下 10% 的财富，而不是 15%，这也是一个选择。投资，或者不投资，或者年年投资……都是选择。

站起身来环视四周，你会意识到，你现在所拥有的一切，都是你的思想、抉择和行为所造成的。

这并非什么深奥或是骇人听闻的道理，只是简单的因果关系罢了。你过去的信仰、思想和行为造就了你未来的一切。

所以我们就得出一个显而易见的结论：如果你现在并不富有，

那必定是你过去的思想和行为存在问题。

如果你想在未来变得富有，就需要改变思考和行为的模式，从现在开始，然后持之以恒。常言道，发疯就是反复地做同一件事情，却期待不同的结果。

我想要声明的是，改变并不能只是随口说说。想想看，如果你能日复一日地坚持一年，你的生活究竟会变成怎样？

◎ 你还满意于目前的身体状况吗？

◎ 你还能忍受一成不变的工作吗？

◎ 你还满足于现在所拥有的资产吗？

如果你想成为百万富翁，那么你需要做出的最重要的选择，同时也是本书剩余部分的核心问题，就是选择去改变。

当然，想做出改变并不容易。你大可以问问那些乐于制订新年计划的家伙们，看看他们的成功率究竟有多高。其实，不用说别人，看看你自己制订的计划的成功率就足够了。就我个人来说，我曾经许下誓言要做出诸多改变，但最后却尽数流产。但我能成功改变的，必定是那些我做出过选择的。

下面四个选择在人生中并不会仅仅出现一次，它们是你每天都需要面对的。它们就是你走向百万富翁之路必须背负的代价。

◎ 若你花光所有的积蓄，或者收入相当微薄，将很难积累出财富。

◎ 你也无法通过积累银行存款而成为富翁。

◎ 如果你所做出的抉择并非出于积累财富的目的，那么也不会奏效。

◎ 如果你拒绝做出任何改变，那就无法变得富有。

它们都不是什么能轻易做出的选择，但也称不上是什么世纪难题。你总能像其他人一样做出正确的选择。

清晨是检验初心的试金石

人们总是说：金钱是万恶之源。

他们说的并不准确。

我并不想在此做什么哲学范畴的讨论。我想说的是，他们所引用的话并不是原句，原句说的是"贪恋金钱是万恶之源"。

如果你爱钱，只想拥有更多的钱，只想为了富有而富有，那么本书中的致富之道并不适合你。

当然，你可以挣很多的钱，也可以享受挣钱的过程。不过，如果你的内心只有贪念，那么你就走上了舍本逐末的邪路。你所舍弃的，正是生命中最重要的财富——健康的体魄、宝贵的人际关系等。当你行至末路，会绝望地坐在钱堆上，为抛弃了其他"宝物"而感到悔恨。

这也就意味着：盲目追求钱财，才是毁灭一个人最快的方法。

所幸，我还没有被钱财蒙蔽双眼。我喜欢拥有财富的感觉，但

80

真正享受的却是挑战自我的过程。因为人生的挑战永远昂立在前方——就像珠穆朗玛峰，就像一座难以逾越的高山。而金钱只是人生挑战中的副产品，只是让你免于庸碌，让你跳下睡床的动因罢了。金钱只是工具，而不是人生的目的，它只是挑战人生的方式。

当你拥有更多金钱的时候，会变得更幸福吗？答案是肯定的。不过，幸福的定义包括选择度过一段丰富、有趣的人生，财富只是其中的一部分。我想，如果你带着目的和期望去度过人生，那么在一个理性的范围内，财富确实会让人生变得更加丰富多彩。

那么，我们为什么要搞清楚"为什么要成为百万富翁"这个问题呢？还是那句话，"不要因为走得太远，而忘记了为什么出发"。人们很容易在前行的过程中忘记最初的目的：为什么要减肥，为什么要打定主意创业，为什么要请梦中情人共进晚餐。这也是为什么只有动力是远远不够的，我们还需要一个框架来支撑这股动力；这也是匿名戒酒会成员要召开互助会议，"慧俪轻体①"要通过私密称重对减重成效进行评估分析的原因。你需要一套系统或一个框架来支撑你持续做出选择，走向百万富翁之路。

而你所需的系统和框架，就是属于你的"神奇的早起"计划。

清晨是检验初心的试金石。它能每天为你创造空间，包括容纳你梦想、目标和乐观心态的空间，并时刻提醒你选择致富之路的原因，帮助你反复重温选择的重大意义。这就是为什么清晨对百万富翁们有着如此重大的意义：它提醒着人们，永远不要忘记初心。

————————

① 一家全球领先的健康减重咨询机构。慧俪轻体的理念是通过智慧饮食和合理运动达到健康减重的目标，不依靠任何外力、药物及器械。

现在，该做出选择了。

舞台准备就绪。你的面前有两扇门，你知道在每扇门之后都有什么样的路。

观众们屏息等待着你的选择。

你需要做的，就是选择。

那么，你会选择哪扇门？

史蒂夫·乔布斯（Steve Jobs）

苹果集团创始人
深刻地改变了现代通讯、娱乐乃至生活的方式

据说，史蒂夫·乔布斯每天早上照镜子时，都会问自己一个问题："如果今天就是我人生的最后一天，我会为即将从事的事情而感到幸福吗？"

如果连着几天他的答案都是"不会"，那他就知道，是时候做出改变了。

一旦下定决心要做出改变，你就需要制定一套清晰的策略，不断加强自己的新思维方式。

肯·布兰佳（Ken Blanchard）、保罗·梅耶（Paul J. Meyer）
和迪克·卢赫（Dick Ruhe），《知道做到》（*Know Can Do!*）作者

第二课 | 跳出思维定势的"盒子"，大胆展望未来

如果这是一个简单的选择，那么我们早就变成百万富翁了。

但我们不是，还差得远。选择变得富有虽然是通往百万富翁之路的关键一步，但不是唯一的一步。这条路需要我们脚踏实地，并非一蹴而就。

我听过不少人正为改善自身的财务状况而挣扎，他们的抱怨不外乎以下几种：

◎ 我想赚更多的钱，但我不知道怎么做。

◎ 我自认为是个工作狂，却怎么也赚不到更多的钱。

◎ 有些人掌握了赚钱的诀窍，但我没有。

我猜，有些话你听着会感觉耳熟。不过没关系，这些问题确实具有很大的挑战性，困扰了不少人，也很难立刻找到答案。不过，

我对这些人的回应都是相同的：“欢迎你来到盒子里。”

“欢迎你来到盒子里”是我所提出的一个庞大理论的简略版。就我个人来说，经过为期数年的财富积累，我自认为抓住了成为百万富翁的要诀，而“盒子”正是其中最核心的概念。“盒子理论”解释了为什么有些人即便选择了成为有钱人却仍无法如愿，为什么你会遭遇收入或净资产的瓶颈，以及为何你努力工作却并不富有等重要问题。

很自然，大家都想知道所谓的“盒子”究竟指的是什么。为了了解这个概念，我们需要先聊聊甲壳纲动物。

你是否像寄居蟹一样不敢脱去“保护壳”？

当你看到一只寄居蟹的时候，绝不会认错。它们和多年生的龙虾或淡水虾一样（美味），隶属于甲壳纲。

但和其他甲壳纲动物不同的是，成年的寄居蟹必须要生活在陆地上。它们需要适当湿度的空气来完成呼吸，因此不能继续生活在海水中。不同于龙虾，它们自身并不会长出硬壳。寄居蟹虽然也有外骨骼，但和它们甲壳纲的眷族相比却非常柔软，易被掠食。因此，它们才不得不借助其他的外壳。当你看到寄居蟹从沙滩上爬过的时候，它身上的外壳其实曾经属于其他生物。

不过，随着身体的生长，寄居蟹总会找到更大的外壳来保护自己，就像鱼缸中的金鱼一样，它们的体形会受到外部环境的制约。有趣的是，并非所有的寄居蟹都拥有相同的个性：有的寄居蟹非常念旧，甚至从不更换外壳；而有的寄居蟹则经常搬家，也有的在某些特定的时间之后不再换壳，然后怀抱着新壳了却余生。

人类和寄居蟹并没有什么太大的差异。只不过，制约我们的不是有形有质的外壳，而是"盒子"，即思维框架、信仰、习惯这些在成长过程中逐渐形成，又在我们成年后被逐渐抛弃的事物。

在年轻的时候，我们会不断地更换身体上和精神上的"外壳"，或者"盒子"，但步入成年之后，这种替换的速度就会明显下降。随着我们慢慢长大，我们开始从事相同的事务、和相同的人打交道。我们的行为成了惯例，更可怕的是，信仰和思维方式也愈加根深蒂固。就像寄居蟹一样，我们找到了习惯栖息的精神"外壳"，就盘踞在其中不愿离开。

从职业生涯上的抉择到度假地点的选取，甚至人际关系的选择，这种倾向会影响我们生活的各个方面。但从创造财富的角度来说，这种倾向的影响尤为明显。

为了改变人生，冒着风险也要离开舒适区

所谓的"盒子"，就是构成你现实人生的信仰、经验、想法、技能和机会。它是不可见的，但你能看到它对你周围物理世界的切实影响。

目前，你所栖身的"盒子"确实是为你量身打造的，尺寸正好。你在"盒子"中成长，并感到舒适。"盒子"中的一切都只会带来一个可预测的结果，决计不会有什么意料之外的事发生。你当前所

拥有的住宅、朋友、工作或生意，你开的车，这种种一切都是你过去思想、信仰和行动所产生的结果，也是"盒子"的结果。你的每一个行为都要经过"盒子"的过滤，无论好坏，你的生活方式都由你的思维模式来决定。

不过，你的收入也是如此，中规中矩、一成不变。你所居住的"盒子"决定了你现有的收入水平、银行账户余额和净资产的丰寡。要想改变，就必须更换一个"新盒子"。

当寄居蟹想要或者需要更多空间的时候，它们会搬离旧外壳，换一个新家。但这却是一个危机四伏的阶段。它们柔软又"赤裸"的本体将暴露在阳光之下，风险很高。对寄居蟹来说，这是寻找更好的居所必须承受的风险。

就像寄居蟹一样，如果你拒绝改变，你的极限就被框定下来了。拒绝搬家的寄居蟹永远不会成长。你也一样。你被现有的"盒子"框死了。

如果你想要改变，就必须努力"扩大"盒子，即便这存在着风险。

如果你想要改变人生、改变现实，就需要你改变一直以来秉持的信仰、思维和行动。如果你继续活在现有"盒子"的条框之内，生活只会像一潭死水。如果想得到更大的外壳，你就必须像寄居蟹一样，做出改变。

旧盒子：摆脱限制财富思维的偏见

你逃不出这个"盒子"。你总是透过你过往的信仰和经验去观察世界，你总是被惯性的思维戏耍，永远看不清现实，这就是我们大多数人的现状。虽然你逃不出"盒子"，但你可以扩大"盒子"。而这只需两步。

首先，要留神那些能干扰你的判断力、抑制你扩展思维的偏见，尤其是与金钱和财富相关的偏见。它们就像是你大脑中的盲点，会遮蔽你的双眼，反过来愚弄你的思想。

其次，为自己预见一种截然不同的生活，想象自己住进了一个不同的盒子，一个更加富裕的盒子，一个百万富翁的盒子。就像寄居蟹一般，这个盒子就是你的新外壳。最近几十年来，我对人生最重大的发现，就是我们根本无法看清世界的真面目——我们所观察到的"现实"，都来自大脑的灌输，受到太多的主观影响。

我的观点看似不着边际，但它并不是伪科学。事实上，我们所了解的一切，都是由大脑创造的。关于这一点，神经系统科学可以为我作证。例如，我们所了解的红色，只是大脑对于光谱部分的解读，是你的大脑解读出来的。这也就意味着，在你认知之中的红色，可能和其他人所认识的红色并不一致。

我们经过"大脑过滤器"所看到的世界，其实是由真实世界扭曲而成的。我们所观测到的世界是因人而异的，或多或少都带有一点个人的偏见，这一点在金钱方面表现得尤为明显。

不要觉得难为情，我们都会有偏见，无一例外。不过我们的优势在于，既然已经知道偏见的存在，我们就更容易理解目前所处的"盒子"的边界究竟如何，以及阻碍我们拓展思路的原因究竟是什么。

其实偏见是多种多样的，不过在下文中，我会列举几项在致富道路上最为关键的偏见，供大家参考。

损失厌恶[①]。人类天生厌恶损失，就像没人喜欢输和失败。不过更重要的是，我们对于损失的厌恶程度要远远大于对收益的喜好！赢得 100 美元，似乎感觉还不错，但丢失 100 美元，难受的体验就不只是一点点了。这也就意味着，我们对已经持有的财富过于迷恋，而在投资决策时会全力回避风险。但财富的积累肯定存在一定的风险，若过于厌恶风险，那么成为百万富翁的道路可能会变得更加漫长。

沉没成本[②]**悖论**。沉没成本悖论和损失厌恶是密切相关的两个概念。它们会让我们持续加大对沉没成本的投入，从而造成更大的亏损。如果你产生了"我已经投资了这么多，现在停下来岂不是更不划算"的想法，那么你已经掉进了沉没成本悖论的陷阱中。要记住：沉没成本已经发生了，已经"沉没"了，覆水难收了。

现状偏见。现状偏见指人们具有让一切事物维持现状的强烈倾向，就像有些寄居蟹不愿更换外壳一样，人们面对熟悉的事物更为放心。变化意味着不稳定，虽然我们都有拒绝变化的偏见，但仍需做出必要的改变。

时间折现。时间折现指人们更喜欢当下获得的低收益样，而非长远的高收益。当你选择在当下吃下一个冰激凌，等到未来在为健康和发胖发愁的时候，你就已经将"未来的自己"做出了低于"当下的自己"的折价。在财务方面，时间折现表现为拒绝将经济上的

---

①人们面对同样数量的收益和损失时，认为损失更加令他们难以忍受。
②人们通常把那些已经发生不可收回的支出，如时间、金钱、精力等称为"沉没成本"。

满足感推迟到未来，即相较于做出投资、在未来获取高收益，我们更倾向于在当下把钱花光。

鸵鸟效应。鸵鸟效应相信大家都已经耳熟能详了，它指人们都具有逃避现实的倾向。在你收到信用卡账单却拒绝查看，或当你在刻意逃避已知的商业问题的时候，你就已经掉入鸵鸟效应的陷阱了。

其他偏见。除了上述几种心理学家和经济学家已经甄别出的"病症"之外，还有一些所谓"非官方"的偏见存在。它们就是在你成长过程中，受到同龄人或文化环境影响而形成的信仰或思维的固有模式等。比如，笃信"努力工作"，却不知道"聪明地工作"为何物（在本书第四课中有详述）；或者，坚信"富人皆贪婪"或"金钱是万恶之源"。它们对你未来财富的积累都是有百害而无一利的。

对于金钱和财富，我们都有这样或那样的信仰，但财富意识才是影响我们能否致富的重要因素。而你的工作，就是将所有的信仰进行甄选，摒弃致富路上的绊脚石，找到致富所必需的垫脚石。

想要改变内心的偏见，唯一的方法就是进行准确的识别。只有这样，才能有效地规避陷阱，少走弯路。但这需要大量的实践作为基础，清晨正是进行实践的黄金时段！

至于如何协助大脑调整你的"财富盒子"，你可以将贾森·茨威格（Jason Zweig）的《格雷厄姆的理性投资学》（*Your Money and Your Brain*）作为你行动的指南。

新盒子：在"空中战"视角下，创造你的百万富翁愿景

在《财富不等人》一书中，我与合著者共同撰写了"空中战"和"地面战"的章节，并将这两个概念加以区分。

"地面战"是你需要按部就班、脚踏实地、夜以继日进行实践的项目。大多数人谈起工作的时候，他们脑海中浮现的都是"地面战"的内容，如拨打的营销电话、用锤子敲打钉子的数量、写下的单词个数，或者是扑灭火灾的场数等。"地面战"帮你拿到薪水，让你勤勤恳恳地做好工作。

当然，"地面战"是至关重要的。你不可能什么都不做，等着钱从天上掉下来，把你砸成百万富翁。不过问题在于，大多数人只知道在"地面战"中鏖战，这样就很难逃脱"盒子"的窠臼。

相比之下，"空中战"则是一个截然不同的概念。它高悬在 5 万英尺的山顶，是你人生中的上帝视角。你的"空中战"包括致富的计划和战略，是站在更高的水平面上，对人生进行谋划，确保你的"地面战"能打得正确，打得出彩。"空中战"才是将你从"地面战"的窠臼中拉出来的救世主。

不过，两者是不可割裂的。只顾空中，不顾地面，人生也就成了纸上谈兵。在这种情形下，叩响百万富翁之门就不再是你的"选择"，而只是你虚无缥缈的"希望"罢了。

但只顾地面，不顾空中，也会遭遇大问题。每天勤勤恳恳、埋头苦干，工作越来越辛苦，却无法令财富产生任何增值，甚至更糟，让你的人生倒退。

在接下来的章节中，我们要解决的问题就是如何设定百万富翁级别的目标，以及如何实现这些目标。不过，这些目标、计划和财富必须放在一个更广阔的语境，也是最高层级的"空中战"——你的人生中加以描述。上述目标的设定必须和你梦想拥有的生活互相适应、互相助益。否则，即便你设置了远大的财富理想，但若与你的生活不适应、不匹配，也是徒劳。为了确保你能做出正确的选择，制定出适合自己的财富目标，我们必须先定义好你究竟想要怎样的人生。这是"空中战"中至高的视角，我称之为我的"愿景"。

我会在年度计划本的最后几页写上年度目标，并随身携带。它就和记事本、备忘录一样，能随时记下一闪而过的灵感。这样一来，到了年底，我就能随时查询过去 12 个月以来记录下的想法。

但如果没有形成"愿景"，以上的做法均将沦为空谈。我不仅会制订为期 1 年的计划，还会制定 5 年甚至 30 年的人生规划。

这些记录着我的愿景的文件，也是"空中战"最高层级的体现，拥有着一种独特的形式。下面我将列举我创造未来愿景所采用的步骤，以供大家参考。

来自"未来的我"的一封信

假设，我们收到了一位百万富翁的来信，他在信中不仅娓娓描述了完美、富足的生活状态，还不厌其烦地为我们提供了造就人生赢家的指导和鼓励。这封来信定然会成为无价之宝，引人神往。

这就是我创造未来愿景的步骤，只不过需要将那位百万富翁变成"我"。我以现在"我"的名义向未来那个成为百万富翁的"我"（对我来说，可能是 5 年之后或 30 年之后的我）写了一封信。在信中，"未来的我"自然有义务去描述未来生活的细节，解释我是如何实现未来的生活的，当然，也需要向过去年轻的我提供指导和鼓励。

你也可以如法炮制，给未来那个幸福、健康、富有的你写一封信。以现在的视角去揣测未来，再以未来视角的你给现在的你写信提出建议。乍一看确实有些奇怪，不过这样一来，你就需要站在未来自己的角度，强迫自己畅想未来的境遇，你就会摆脱"期望"和"幻想"，从而身临其境地获得百万富翁的感受。在下文中，我将列举出最常用的几条策略，教你写出一篇绝佳的信件，帮助未来的你好好鼓励现在的你。

1. 具象化一个你的理想未来

在开始后续步骤之前，你需要熟练掌握预习三"S.A.V.E.R.S. 人生拯救计划"中自我演练的技巧，从而大胆想象一个你参与其中的未来。

未来，你的人生会是什么样子？你的境遇如何？你的生意运转得怎样？它发展到了何种地步？你的人际关系和健康状况如何？对这些初步的设定要做好展望。

2. 抛去恐惧和疑惑

大胆构想一个足以启迪自己、激励自己的未来，反正你又不会有什么损失。要说服自己：你所写下的东西是已经实现的事实，没什么好恐惧和疑惑的。

> 我们要做的不是害怕和逃避机会，而是来一次深呼吸，然后向机会奔去。
>
> ◄ ◄ ◄ MIRACLE MORNING MILLIONAIRES

3. 写信时要用"现在时态"

在信中描述未来生活的时候，必须要有一种身处未来的感觉。"我将会拥有一栋大房子和一份成功的事业"这样的写法是有问题的。你要设身处地地站在"未来的你"的角度去写。

这种写作方式也会为你提供抚慰和建议，有时候你会发现，畅想未来正是发现现有问题的一条捷径。

4. 专注在给你强烈情感共鸣的事物上

不能给你带来强烈情感共鸣的事物，没有必要写到你的愿景之中。因为当我们的头脑风暴不受限制时，你的思绪往往会飘到一些无关紧要的事物上，比如私人海岛或停放着一打豪车的车库等。虽然畅想并不是件坏事，但要把注意力集中在关键的事情上。因此，不要将笔墨浪费在不能为你带来强烈情感共鸣的事物上，将有限的精力花在关键点上。

5. 愿景如何实现，暂且不去追问

我们在构思愿景时首先出现的一个问题，就是我们会念念不忘地追问，究竟如何才能实现这些愿景。通常，这个问题会抑制甚至阻断你的构思。

比如，在你未来的愿景中，你可能会写"我正在法国的度假庄园里给过去的我写信，每个季度，我都要花上三个星期在这里消磨时光"。在你落笔的时候，完全能感觉到自己心中的那份小兴奋——你一直希望能住在法国。

这时，无情的现实悄然混进了你的思绪：我有钱在法国买下一栋房子吗？我不在法国的时候，谁来照看这房子呢？况且，我每个季度哪有三周的假期啊？这太荒谬了！

然后你就会涂改刚刚写下的那个让你激动不已的愿景，设法把它修改得更合理些。

不过，过于合理并不是构思愿景的本意。你的愿景，正应该是你所渴求的生活，而不应该过于挂怀要如何去实现它。先停下你内心耿耿于怀的追问吧。在未来，你还可以花上数周、数月，甚至数年的时间去静静思索如何实现这些愿景的问题。

要记住，写信的我们正在未来，而未来的你是个百万富翁。你的生活将会怎样？你想对现在的自己说些什么？

这种无边无际、打破桎梏的愿景畅想正是你踏出"盒子"的第一步。可能此时的你还不理解这样的畅想会有多大的功用，但打破局限、迈出第一步是至关重要的。

新三环理论：现在，瞄准你的财富中心点

一旦甩开"如何实现"的枷锁，迈出打造愿景的第一步，我们就可以开始做早期的实践工作了。不过，现在我们仍需要站在 5 万英尺的高度上继续进行"空中战"，在设定好目标和计划前，回归地面是不明智的。清空你的思绪，拓宽你的视野。现在，你开始构思如何督促"现在"的自己利用时间、精力和技艺开启致富之路。

在畅销书《从优秀到卓越》(*Good to Great*)中，作者吉姆·柯林斯(Jim Collins)解释了"刺猬理论"中的三环理论，揭示了企业为达成目标所必须关注的重点概念。

而我改善这个理论，变成适用于个人发展的新三环理论(如图 2-1)，它们重叠的区域就是我们为完成财富积累所必须努力的方向。

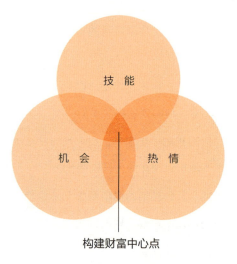

图 2-1　适用于个人发展的新三环理论

技　能

当你掌握了某项技能，就意味着优秀和卓越，意味着个人发展的可持续性，意味着你将有能力从事世界上最赚钱的职业。但如果你无法将这项技能持续推进到新高度，那么你多半就无法凭借它去获取更多的财富。

首先，扪心自问：

◎ 我到底擅长什么？

◎ 我在哪方面拥有他人难以企及的经验？

◎ 我的这项技能能否随着时间的推移不断发展？

机　会

就算你拥有卓越的技艺，但生产出来的产品和大众的需求背道而驰，你也照样无法成为百万富翁。换句话说，将大量精力投入到低需求、低回报、无前景的产品上，并不是致富的好方法。要想成为百万富翁，你必须聚焦到能给你带来可观财富收益的机会之上，也就是真正满足大众需求的产品或服务。

扪心自问：

◎ 我目前的境遇有什么独特之处吗？

◎ 我究竟能为这个世界提供什么独一无二的东西？

◎ 我拥有哪些资源？或者拥有哪些获取资源的渠道？

热 情

热情是很难伪装的。每天时时刻刻提醒自己"我必须热爱自己的工作"，这并不是热情，也不会帮助你变成富翁。没错，热爱你所从事的工作，这一点至关重要。每天清晨，你需要满怀热情地去迎接当天的工作。不过，并非每一天都会轻松愉悦地度过。这确实是个不解之谜。即便是世界上最成功的人群，也不会天天顺遂。他们也经常需要做一些艰难的决定，也会遭遇或大或小的挫折和灾难，也会在早晨醒来的时候感到疑虑，不断质疑自己的选择。

热情，是你支撑自己走完全程的燃料。拥有热情，就意味着拥有鼓舞自己奋发图强、持续提升的勇气。如果没有热情，就很难在追求财富的道路上长期坚持下来。

扪心自问：

◎ 我究竟喜欢什么？

◎ 有什么事情是我不畏艰难，也愿意去做的？

◎ 有什么事情即便在短期内看不到回报，我也愿意去做？

中心点

三环理论的中心点，就是积累财富三要素的最佳结合点。两种要素的结合是远远不够的：如果没有热情，意味着你没有为旅途携带足够的燃料；没有机会，意味着你很有可能会破产；没有技能，意味着你可能会生意失败、断送职业。因此，想要成功，就必须集齐三个要素。

百万富翁们都是在中心点（也就是三环交汇处）经营自己的人生：<u>在这里，你不仅能从事自己最擅长的职业，获得市场的丰厚回报，还会因为享受工作而每日获得提升。</u>

"神奇的早起"就是重新出发的第一步

在绝对理想的状态下，我们可以从"一张白纸"的虚静状态下出发，踏上成为百万富翁的征程。这是一种头脑放空、纯洁质朴的状态，我们的思维没有经过历史记忆的程序污染，不会被任何信仰禁锢。在这种理想状态下，我们可以毫无顾忌地对未来的财富进行预见和展望，即便没有十足的把握，也能朝着目标一往无前地推进。

当然，这是一种不存在的理想状态。我们都有过去，都怀有偏见和信仰、恐惧和焦虑。任何一位百万富翁都要经历疑惑的挣扎，这是亘古不变的事实。对于天性谨慎的寄居蟹来说，更换外壳确实是个冒险之举。不过，没有风险，就没有回报。

世间没有宽心丸，也没有超脱于"盒子"桎梏的人生。但你需要知道，清晨确实是扩张"盒子"的最佳时机。你的"神奇的早起"就是你跳出"盒子"、自由思考的时间。要把眼光放得长远，要学会重新出发，要迈出信仰的一步，将安全的"旧外壳"抛在脑后，这样才能遍寻到更远大、更光明、更辉煌的未来。

戴蒙德·约翰（Daymond John）

美国知名营销公司夏克集团 CEO

全球时尚品牌 FUBU 的创始人

带领 FUBU 从最初只有 40 美元预算的小店

发展成为市值 60 亿美元的知名生活方式品牌

每周 5 天，我都会在睡觉前以及起床后诵读我的人生目标。

一共 10 条，都和健康、家庭、职业相关，并且有明确的起止期限。

每 6 个月我会做一次更新。

光勤劳是不够的，蚂蚁也很勤劳。要看我们为什么而勤劳。

亨利·戴维·梭罗（Henry David Thoreau）

《瓦尔登湖》（*Walden*）作者

第三课｜"飞行计划"：
如何实现百万富翁级别的目标？

如果你能穿梭到地球上生命诞生的那一天，你就会发现，我们和人类始祖拥有着一个共同点：追求目标。

如果沿着地球上生物的进化线追溯到大脑和神经系统尚未出现的"原生汤①"时代，我们也会发现，即便是单细胞生物也会有追求的目标。它们身上简陋的"传感器"也会帮助它们识别不同的化学物质，趋利避害。

经过长时间的进化，单细胞生物的应激性已经得到了长足发展，但本质上人类仍是一种趋利避害的生物。趋利能让我们习得更强的生存能力，避害使得个体的生命得以延续，让我们不断向高级进化。

不过"生存"和"繁荣"毕竟还是不同的。所谓"财务生存"

---

① 原生汤指的是 40 亿年前地球原始的海洋，英国演化生物学家霍尔丹（Haldane）将之描述为充满化学原料的池塘，第一个细胞便在此诞生。在这个时代，细胞比病毒的结构都要简单。

只是这个星球上几乎所有人都能轻易实现的一种基础状态。我们生存着，进食，寻找栖身之所；我们工作，领取薪水，然后回家。

人们常说，"生存"和"生活"是两码事。财务上的"繁荣"是一个远高于"生存"的层级。"繁荣"意味着将"利"与"害"这对双生子，进化到一个崭新的更高境界。而这个"更高境界"可以通过善用清晨的时间轻易达到。

目标和计划，一对黄金组合

虽然我们仍在趋利避害，但相比于其他物种，人类确实拥有许多先进的大脑功能。

大脑的第一个重要功能，就是能为未来设定好目标。我们结构复杂的大脑，不仅能像上述章节中描述的那样，为未来设定目标，还能督促我们沿着清晰的轨迹，逐步将目标化为现实。

大脑的第二个重要功能是可以制订相应的计划去实现目标。我们可以将计划拆成不同的步骤，预见实施中将会遇到的障碍，分辨出能善加利用的资源。目标能帮助你将愿景变为现实，而计划则能帮助你实现目标。

我将目标与计划这对黄金组合称作"飞行计划"。这是一个简单的比喻，却很贴切。如果你想搭乘飞机去往某个地方，有两样信息是必须要明确的：目的地（目标）和地图（计划）。我们很难分辨它们孰轻孰重。如果我们想去纽约，那么在万事俱备的前提下，行程很容易划定。但如果你只是拿着一个指南针便登上了飞机，飞行员也没有地图，估计你们只能随机挑选一个方向，至于能不能最终到达纽约，只能听天由命了。

这种孤掌难鸣的滋味，相信你在过往的人生中一定体会过。只有目标而无计划，那么激情的热度只会存活 3 分钟，最终只会被无法抵达目标的苦涩感所淹没。当你满怀信心地参加了某个致富培训会，或者兴冲冲地设定了新一年的年度目标，回头却发现没有明确的计划提供支持的时候，恐怕也只能败兴而归，返回之前的生活状态吧。

同样的，只有计划而无目标，只会竹篮打水一场空。虽然看似一直奔波忙碌，但你一身的精力却无的放矢，那也只是纸上空谈。

随着我财富的不断增长，我逐渐意识到，成为百万富翁的决定性因素在于，他们的行为都充满了目的性。鉴于我所接触的百万富翁数量要远超各位读者，我可以明确地告诉大家，目标和计划两者缺一不可。百万富翁们目标明确，计划充分。他们知道自己每天、每周、每月该做些什么。他们会朝着既定的方向一往无前。

如果想将人生与愿景相匹配，你需要选择一条最合适自己的途径，既要设置好目的地，又要制定好具体的路线。你需要制订一个属于自己的"飞行计划"。

在本章中，我们将深入探讨，如何才能有效地利用"神奇的早起"去创造一个意义重大的目标及制订一个行之有效的计划。

"重度拖延症患者"如何变成"实干家"？

通常，我会在日志中记录两件事：我的想法和我的目标。

我的想法，就是在晨间流程中潦草写下的一些思绪片段：一些灵感、涂鸦、信息垃圾和其他灵光一闪的思维碎片。这是我持续坚持的一个程序，却毫无章法可言。

而在日志的另一头，情况就大不相同了。我在那里记录着自己的目标。作为一个习惯性的目标设定者，我会将诵读目标列为"S.A.V.E.R.S. 人生拯救计划"中重要的一环。当我完成其中的某个目标之后，就会在相应的目标上画一条高亮线。我甚至还会用不同颜色的笔将目标分门别类，以便查阅。

如果你认为我天生就是个善于制定目标，且有归类癖好的成功者，那可就大错特错了。学生时代的我成绩常常在及格线上下徘徊，还是个无可救药的重度拖延症患者。如果我手上有什么活计或工作，我一定会一拖再拖。（我不得不承认，我曾经购买了不少 CD 光碟，里面记录着据说能够激发人类"反拖延"意识的音频文件。我不确定它们是否奏效，反正我听到的只是无休无止的海浪声，而且那之后，我的拖延症又持续了好多年。）

我不大清楚"制订计划"和"实现计划"是否有个约定俗成的反义词，但很多年以来，我一直认为我肯定是这个反义词的化身。不过，如果你在制定目标时遭遇困难，在实现目标时困难会更甚，你一定要记住，这并不意味着你将一辈子都与百万富翁无缘。在经历了不断的探求和摸索之后，我最终还是做出了"成为有钱人"的选择，只不过当时的我还没有找到实现的途径，以及在实现过程中必须具有的自律。

就这样，我一脚踏上了通往百万富翁的征程，满怀希望能顺利地抵达彼岸，并在路途之中赚个盆满钵满。

在我二十五六岁的时候，开始涉足商业，并看到了我所制定的目标的前景——说实话，有的放矢的感觉真好。不过我很快发现，我写下的每一个目标，最终都会在某个被我遗忘的"炼狱"中消失，最后渐渐被我遗忘。它们就像我丢失在烘干机里的旧袜子一样，不知所踪。

从那时起，我开始不断修正自己的目标设定流程，力求改善。很快我发现它已经能很好地运转起来。它不仅能帮助我从一个重度拖延症晚期患者转变为以目标为导向的实干家，还将我的日常行为与其他白手起家的百万富翁们调整至统一步调。

1. 在巅峰状态下设定目标

在我记录日志，对目标设定流程进行优化的过程中，最令我震惊的事实是，"目标"本身只是这个步骤的一部分，真正起到决定作用的却是你"设定目标时所处的状态"。

例如，如果我是在极度倦怠、受挫、不堪重负的状态下设定的目标，那它最终能实现的可能性也微乎其微。相反，如果我在设定目标的时候精力充沛、乐观向上、自信满满，那么我坚持努力、实现目标的可能性就会大幅提升。

而上述的第二种状态，是自我感觉最佳、最自信的状态，也就是心理学家们所称的"巅峰状态"。这是一种能使个人意识、情绪和精力得到大幅改善和优化的心态，也是我们期望的理想状态。如果你能及时捕获并善用这种状态，并在此状态下设定目标的话，就可以得到一个更高效、更能引起强烈共鸣的目标。

在这里，早晨时段的功用就体现出来了。在早晨时段，一天之中的各种琐事还没有使你陷入细节的牵绊和狭隘的思路之中，你的身体将持续处于一种强劲有力的巅峰状态。

因此，在晨间流程之中，你要多加留意那些让你产生触动或令你备受鼓舞的时刻。它可能会在你锻炼、阅读、写作，甚至静坐的时候突然造访。也就是说，"S.A.V.E.R.S. 人生拯救计划"的任意一环都有可能激发你的灵感。

那么当它来临的时候呢？当然要不假思索地抓住它，将它记录在日志上，不光要记下这个目标，连同它萌生的境况也一并记下。当时你在做什么？是在思考，还是在感受？究竟你是如何产生"我需要这样做"的想法的？

虽然灵感到来的时刻我们无法把握，但你可以尝试有意识地创造灵感到来所需的环境和条件。你可以观看励志电影，读几本感人的书籍，或者到某个能让你感到精神振奋的地方游玩。这个地方可以是自然环境中的一处，也可以是咖啡馆，或者是 4 万英尺高的飞机之上。灵感可能会在你造访教堂的时候，与朋友欢聚的时候，甚至是听歌的时候随时到来。

巅峰状态能为你提供无可比拟的优势：其一，它可以帮助你设定更佳的目标，你可以随意甄选更能激发热情、更符合个人需要的点子；其二，在此阶段设定目标时的激情是可以重温和回顾的，当你遭遇挫折的时候，不妨回头翻阅一下当时的记录，它往往会给你提供极大的帮助。

◎ 感到受挫? 你可以到当初设定目标时的那座大桥上走一走, 俯瞰桥下的流水。

◎ 拖延症发作? 不妨重走一遍让你灵感萌发的徒步山道, 重获挑战难关的力量。

◎ 不敢迈出下一步? 打开能帮你重温激情的那首歌曲, 让你的心态有所改变。

以上这些做法的目的, 就是让你重新投入到那个被触动、被感动、被鼓舞的绝佳状态, 将心情更换到那个思维洞开、直面逆境的频道。它们就是你内心深处为你源源不断提供激励、提醒你不忘笑对生活的力量源泉。尤其是对财富的渴求, 鞭策你时刻记住: 你需要一个更大的"盒子", 一个更完美的人生。

2. 保持灵活, 目标都是可以变化的

几年以来, 我一直有一个跑马拉松的愿望。这是一个与体魄相关的、最为传统的梦想, 是对思维、身体和精神的终极考验。

为此, 我投入了大量早晨的时间去锻炼身体, 去挑战极限。因为跑马拉松是我心中所认定的必须要完成的事情, 后来我报名参加了半程马拉松。

那是一次糟糕至极的体验。在比赛结束后的那几天, 我都精神萎靡。从那以后的好几年我都没有再尝试过跑马拉松。

不过若干年之后, 我又再次设定了跑马拉松的目标, 并又一次报名参加了半程马拉松。再一次, 我饱受折磨。我不得不承认, 我

不喜欢跑马拉松——跑的时候不喜欢，跑完就更不喜欢了。

于是，我向我的教练谈起了之前设定的跑马拉松的目标。他是个跑步狂人，但膝盖和脚踝因长期磨损，伤痕累累。我一点也不想变成他这样。

一天早上，我再一次审视着之前设定的目标，陷入了沉思。我真的不喜欢跑马拉松，我不想跑马拉松。

然后，我伸手划掉了这个目标，再没看过它一眼。

对我来说，跑马拉松是我"应当"设立的目标。我一直认为跑马拉松就是那种"我应该去征服它，并以此证明我能行"的障碍。但我真的全身心地抵制它。我不想跑马拉松，我只是想成为征服马拉松的英雄。我想要的是奖牌这个结果，而不是过程。

这一点，在制定财富目标的时候体现得尤为明显。"应该做的事"并不能成为行之有效的目标。你可以选择去做，当然也可以选择不做。但它们并不能彻底地改变你，也不会加速你致富的脚步。因此，你需要对设定好的目标重新考虑，不尽合理的就划掉它们吧。

每年在我所设定的 25 ~ 30 个目标之中，我大概会废弃掉其中的 10%。其中有小目标，也有大志向，但它们有一个共同点：它们都是可以改变的。对我来说，目标是能呼吸的、活生生的生命。它们会随着你自身的改变而变化。既可去，亦可留。就像牛奶一样，目标也有保质期。有时，某个目标只适用于你人生中某个特定的阶段：它可能过于幼稚，不适合成熟的你；也有可能过于成熟，需要等待你去慢慢长大。比如，我曾经喜欢打高尔夫球。通常，我会参加锦标赛，并为自己的表现设定目标。

但今年，我发现我对它有些心不在焉了。当时我正好开设了新公司，并全身心投入其中。我又发现，即使握杆在手，我的脑海中不断涌现的还是工作，而不是高尔夫球。曾经的我能打八到九洞，但那次却打得非常糟糕。实际上，我更想去工作，而不是打球。至少在当时，高尔夫球无法点燃我的激情。我曾经在计划清单中写下，要在专业人士的陪同下上完十堂高尔夫球课来提高球技。看来，今年我无法实现这个目标了。但没关系，目前的我志不在此。

我并没有放弃高尔夫球，只是通过大脑给我的反馈有意识地做出了选择。事实上，高尔夫球已经无法持续为我提供激励，我必须接受这个现实，并有意识地做出选择。如果高尔夫球无法成为激励的来源，无法继续为你提供辅益，那么暂时抛弃它也未尝不可。你要明白，经济上的成功要求你必须有所舍弃、有所坚持。有关"舍"与"留"的问题，我们将在第五课中详加论述，但你要明白，想成为百万富翁，就要培养内心深处的决绝。没有什么目标是不可删改的。

> 目标是能呼吸的、活生生的生命。它们会随着你自身的改变而变化。
>
> ◀ ◀ ◀ MIRACLE MORNING MILLIONAIRES ━

3. 适时重温你的目标

其实，失去目标要比我们想象的更加容易。如果你认为自己在巅峰状态设置的目标，不仅鼓舞人心，还能赐予你无限力量，势必难以忘怀，甚至会对你的行为产生深远的影响，那么你就错了。生活总有方法能让你的计划（即便是你最为得意、最为鼓舞人心的计划）逐渐衰变，直至不见。

而"神奇的早起"，正是你适时重温计划的完美时段。清晨是我们最易寻回巅峰状态的时段，也是我们心态最积极、最乐观的时段。

虽然我不会每天回顾之前设定的重大计划，但每周至少要翻阅一次"飞行计划"。这是我重温灵感、修正方向、确认进步、确保自己仍沿着既定计划前行的绝佳方法。

4. 奖赏和充电是必须的

并非所有的目标都带有自我激励的属性。举例来说，我每年240 小时的健身计划就不会激励我。但我明白，想要达成目标，我就必须好好照料自己的身体，所以我才咬牙坚持。对我来说，健身计划就像是在为坦克加油。

然而先撇去目标不谈，我发现为自己适时提供两个"R"——奖赏（Reward）和充电（Recharge）也是颇有助益的，它能帮助我时刻保持精力充沛，足以支撑自己完成计划。

奖赏能让你暂时跳出追逐目标的思路，稍事休息。不过，所谓"奖赏"并不需要采取"搭乘私人飞机到波拉波拉岛度假"这样极端的方式。你可以驱车前往离家最近的国家公园，围着篝火烤些快手甜点吃。但我认为，奖赏是必须的。它不仅是驱使你不断前进的酬劳，也是你"终于做完了某事"的一种胜利宣言。对我来说，只知道前行而从不停下来奖赏自己，就等于在潜意识中告诉自己：我所付出的一切努力都是毫无意义的。当觉得自己根本没时间去度假的时候，你可能正在潜意识里告诉自己：你不需要努力挣钱了，毕竟你挣再多的钱也不会用来度假，享受生活。

奖赏也能及时地为你"充电"。如果你将自己的精神和身体视为一匹马，而你只会不断鞭打它，促使它更努力地工作，那么，无论多么健硕的骏马也会有撑不住的一天。你的精力终究会消磨殆尽。

因此，你必须好好对待自己的"马"，尽可能多地带它出去度假消遣。只有善待它，它才能尽力为你效劳。（而且不要忘了，这个道理反过来依旧适用：过于优待它，它反而会变得肥胖、迟缓起来！）

我每个季度都会带着家人出去度假。所谓"度假"，并不需要多么大张旗鼓，或多么铺张浪费，哪怕只是去国家公园爬山也是可以的，但一定要去做。随后，我发现度假之后的我会变得更加高效，还能赚更多的钱，不会造成任何损失。

最佳的方式，就是在奖赏自己的同时，获得一份难忘的经历。这些经历往往会给你带来新的想法、资源和能力，并拓宽生活的无限可能性。

从"做不到"到"我能行"的三要素

目标，即目的地，是你想要去的地方。它们可以改变，也可以遥遥地激励你，是有活力的"活文档"。但它们仍然只是你想要到达的地方，而不是你目前所处的地方。

为了实现你的目标，你需要制订一份计划。

在目标既定的前提下，制订计划的方法也有很多，你需要选择最适合自己的方式。不过为了尽可能实现目标，有几个重要的要素需要你牢牢记住。

要素 1：永远有一个"最小的"下一步

就像地图上不会详细标明你将在旅途中遭遇的一切，计划也不会涵盖每个步骤的方方面面。但有一个步骤是至关主要的：那就是下一步。

这是我所知道的能鼓舞自己奋发向前的最佳诀窍。不管它看起来多么细小、多么微不足道，也要制订好下一步行动计划。每次我发现计划难以推行，遭遇瓶颈的时候，多数是因为我没有制订好明确的下一步计划，或者不敢向下一步推进。无论怎样，只要我能写下哪怕极为微小的下一步计划，困难都会迎刃而解。

有时，这个下一步可以简单到"向朋友寻求建议"。

有时，它只需要你去查询一个电话号码。但它总会奏效：只要能制订出哪怕很小的下一步行动计划，你就能时刻处于一种行动的状态，这是非常必要的。

要素 2：对可能遭遇的障碍有预判性

世界上并没有无懈可击的致富方法。在追求财富的道路上，你肯定会遭遇到各式各样的问题、障碍和疑难的决策点。不过，既然获知了这些阻碍的存在，我们就一定能做好准备，从容面对。

我们随随便便就能想到一些障碍，比如资金的短缺或者经济的衰退等。虽然预估是必要的，可以提前做好备用计划，但我们也必须记住，所谓的"障碍"并非全都来源于外部。对于"内部"的障碍，我们更应该时刻留心。

◎ 你有没有可能导致你偏离计划轨道的坏习惯？

◎ 你是否有能够阻碍你前进的恐惧心理？

◎ 有哪些技能、经验或见解是你所欠缺的？

你可能会遇到哪些问题？你要针对每个问题，列举出可能遭遇的障碍（来自外部的和内部的），然后有效利用"神奇的早起"去克服这些障碍。

要素 3：重新审视计划

有句话说得好：任何作战计划在遭遇敌人后都会失效。换句话说，在现实世界中，再完美的计划也存在着改变的可能。但这并不意味着计划本身并不重要，我们要将其看作一张地图，不过上面的道路是可以转弯的。

在这里，早晨时段的功用就体现出来了。早晨是利用澄明、冷静的头脑重新审视计划的绝佳时段，此时你的判断力和创造力都处于一天中的巅峰状态。

什么样的计划能让你胜券在握？

计划和目标不同，并不是一份待办事项的清单。计划是一份指引你从 A 处到 B 处（从你现在的窘境到物质富足的理想生活）的清晰路线图。

假如你是一位梦想成为百万富翁的房地产经纪人，那么你的计划应该是什么样子的？

一个形式最简单的计划应该是这样的：

1. 成为一流的房地产经纪人，这样就能赚取最高的佣金。

2. 将佣金的 30% 节省下来，购买出租物业。

　◎ 买下一处投资性地产；

　◎ 有效地进行物业管理；

　◎ 用这处地产撬动杠杆，再购买另一处地产；

　◎ 以此类推，聚集十处投资性地产；

　◎ 全部变现；

　◎ 成为百万富翁！

这确实是一个切实可行的、可重复使用的致富方法，并且曾被很多百万富翁使用过。它唯一的缺点，就是并没有将每一个具体操作步骤列举其中。

在"成为百万富翁"之前，每个步骤其实都包含了多个任务细项。虽然你可能并不清楚所有的任务项，但你总能猜出在"下一步"

究竟要做些什么。举例来说：

1. 成为一流的房地产经纪人，这样就能赚取最高的佣金。下一步：聘请一个能将你打造成一流房地产经纪人的教练。

2. 将佣金的 30% 节省下来，购买出租物业。下一步：另开一个银行账户，用于储蓄资金。

3. 买下一处投资性地产。下一步：和银行做好预约，并重新审视自己的财务状况和合同。

4. 有效地进行物业管理。下一步：考察五家物业租赁管理公司，择优录用。

这些步骤看起来平淡无奇，但对于房地产经纪人来说，都是非常必要的操作。虽然在每一天的实际操作中，我们都会筹谋好下一步行动，但总体来说，整体的计划还是基本维持不变的。

同样地，我们也可以为其他职业人士（如建筑工人、教师或会计）打造专属于他们的投资计划，只需在原有计划上改变几处细节即可。

对于建筑工人来说，他们可能更关心房屋的修缮情况；而对于教师来说，他们可能更愿意寻找能在春季交易的房屋，好趁着春假休息期间自己跑跑手续；而会计从业人员则关心能否找到银行以外的资金来源。

计划并不要求我们提前将每一步都精打细算。只要明确目标，找到理想的方法，安排好可行的下一步就足够了。

未来很重要，但活在当下更重要

从根本上来说，"飞行计划"是基于未来的一种构想。我们根据计划去设置操作步骤，如下一步要做些什么、完成步骤后能达到怎样的效果等。一个优秀的"飞行计划"不仅能帮你指引方向，还能告诉你如何快速行动去达成目标。

但你时刻不要忘记，生活不只有未来，还有"现在"。"现在"是你当下所经历的人生，关注"现在"才是一种明智的举动。我见过太多的富翁，以损害"现在"的代价（如家庭关系、身体健康和幸福）去获取财富。

我经常问其他人一个问题："是否有这样一件事，你一直念念不忘地想去做，但一再推迟？"我也听过很多不同的回答，包括：

◎ 我一直想去意大利度假。

◎ 我想回到我祖先居住的地方看一看。

◎ 我想保持一副好身材。

◎ 我想学烹饪。

而我通常会回问："你准备什么时候去做呢？"

这次，依旧是很多不同的回答：

◎ 等我有钱了之后吧。

◎ 等我能抽出时间的时候。

◎ 等我退休以后。

◎ 等我的孩子能独当一面再说。

以上两个问题有什么显著的特点呢？我们可以看到，第一个问题的答案往往令人激动、充满希望。而第二个问题的答案却是不断的延期，富有悲剧色彩。

目标与未来是息息相关的。但千万不要把生活中所有的美好推迟到等你有钱、有时间、身体足够健康的时候再去做，因为这样的时间可能永远也不会到来。

设定目标，创建计划，成为最好的自己。同时，积累下你所渴求的财富。但千万不要忘记，你活在当下，而当下是充满希望的。

奥普拉·温弗瑞

> 美国第一位黑人亿万富翁
> 当今世界上最具影响力的女性之一
> 《奥普拉脱口秀》主持人

奥普拉每天早晨是从 20 分钟的冥想开始的，据她表示，这 20 分钟充满了希望、满足和深深的喜悦。

随后，她踏上跑步机，在锻炼中提高心率。奥普拉称，15 分钟以上的锻炼能帮助她提升工作效率，提高精力。

然后，奥普拉会稍微散散步，听听音乐或准备早餐。最后，她会以一顿富含碳水化合物、膳食纤维和蛋白质的营养早餐结束自己的晨间流程。

> 成功通常是这么回事：我们把自己的才能、金钱、时间或精力，在短期内集中起来，投入到一个优先的事项中，然后得到自己想要的结果。

罗里·瓦登（Rory Vaden），影响全球数百万人的自律策略导师
《时间管理的奇迹》（Procrastinate on Purpose）作者

第四课 ┃ 杠杆原理：
善用资源使财富持续倍增

在我三十几岁的时候，有一段时间，我每天起床之后都会感到胸口处有一阵莫名的悸动。每次看向镜子，我都感觉像是有人趁我睡觉时用毒藤揉搓我的脸——脸颊上布满了红色的带状脓疱，十分狰狞。

但与毒藤蜇过的症状不同，这些脓疱一碰就疼，让我难以忍受。我不知道自己到底有什么毛病，但那种锥心的疼痛让我根本无法专注工作。因此我去看了医生。

医生端详之后，坐回椅子说道："带状疱疹。"

"带状疱疹？"我重复道。

"对，带状疱疹。"

他向我解释道，我和很多人一样在小时候得过水痘，而带状疱疹是由引发水痘的病毒复发导致的。"不过奇怪的是，"他说道，"这

种病一般会在 50 岁或 60 岁左右复发。你明显还不到岁数，也没什么病，看上去也没什么压力。坦白说，我真不知道你是怎么长出疱疹来的。"

我知道什么原因。

当时，我正在达拉斯经营之前购买的地产。当时我名下有 4 家公司，我每天都疲于奔命，使出浑身解数，玩命工作。

当时，我一直以为努力工作就是一切事物（财富、生意、成功）制胜的诀窍。而我的策略就是在每天的工作时间上不断加码，直到完成所有任务为止。

但每天的任务真的很多。

购买办公设备、组装隔间、财务管理、人员招聘、电脑修理，事无巨细，我都躬身参与。只要是工作，我都会插上一手，终于把自己搞得筋疲力尽，带状疱疹的剧烈疼痛感成了我每天早起的闹钟。我提前过上了几十年后病痛缠身的生活，和罹患了艾滋病或癌症的病人一样饱受折磨。很明显，我知道自己必须做出改变。

身价 10 亿美元的人有多忙？

就在备受带状疱疹折磨的时候，我加入了一个培训会，认识了一个人。他的净资产差不多有 10 亿美元。在我们闲聊的过程中，我飞快地进行了一场心算。我每天拼死拼活地工作，积累起来的财富和他相比只是九牛一毛。那么身价 10 亿美元的人每天要忙成什么样子？

他是怎么完成这些工作的？而且他怎么没有长带状疱疹？

我问他：“你是怎么完成所有工作的？我的生意和你比起来简直微不足道。”

他答道：“我成功的秘诀非常简单。每天早上，我先列出今天必须完成的七件事。”

七件事，我心中默念，很好。

“然后，”他继续说道，“我只需要完成前三件。”

“然后呢？”

“没有然后了。”他继续说道，“这就是我成功的秘诀。”

我看着他渐渐走远的身影，心满意足地抚摸着脸上逐渐消肿的带状疱疹。

做出改变之后的我返回自己的办公室。相比之前事必躬亲的工作方式，我开始为工作项目排分优先度，将其分为 A、B、C 三个档次。

A 为最优先级，B 次之，C 为最末。

然后呢？

我只做 A 类任务。

即便难如登天，哪怕深恶痛绝，我也坚持着把 A 类任务做完。因为 A 类任务是我生意运转过程中最为重要的工作。身价 10 亿的富翁是这样做的，那我也要这样做，仅此而已。

这次改变给了我启示。几乎在同时，我收获了两个结果，首先也是最令人震惊的，我开始从工作中收获到了快乐。此前，我在起床后就要面对无休无止的工作，大部分工作就像是我通往成功路上的绊脚石一般。现在，我已经学会将时间花在最有价值的工作上。

在工作中感觉很快乐，我开始期待新一天的到来。

其次，我开始收获更加令人满意的结果了。事态正在悄悄发生改变。将有限的时间投入到最重要的工作上之后，我就能完成更多的任务。如果我将时间全花在修电脑、组装隔间上，我的生意可能永远没法踏上正轨，甚至变得越来越不景气。但如果我将相同的时间花在A类任务上，如公司发展或人员招聘，形势就会变得一片大好。

为什么相同时间内，"优先排序"能获得更高生产力？

如果将亿万富翁教给我的方法称作"优先排序"或"时间管理"，似乎也没什么不妥。将事务按照重要程度做出排序，是时间管理和生产力原理中最为基本的原则。但在图书中，或在主题研讨会上，人们往往会对这个原则做出或多或少的调整。

但仅仅一句"懂得事情的轻重缓急"往往并不足以概括事情真实情况的全貌。它无法解释"优先排序"原则是如何真正发挥功用的。为什么在次序上的简单调整就能对结果产生翻天覆地的变化呢？

亿万富翁告诉我的经验，正是所有财富创造者需要铭记于心的。有些人学得很快、很轻松；其他人则会吃些苦头，比如得了带状疱疹的我。但无论你从何时学起，如何学习，这堂课的内容都是一致的：想要变得富有，就需要学会获取更多的资源。

为了学到这堂课的精髓，我们需要追溯到两千年前的古希腊，去拜访数学家、发明家阿基米德（Archimedes）。他曾表示，给他一根足够长的杠杆和一个支点，他就可以撬动整个地球。

阿基米德的理论是基于物理学角度的，但他的"杠杆原理"可以应用到诸多领域。它解释了为什么我在进行了"优先排序"之后，就可以用相同的时间做出更大的成就。答案很简单，我不仅利用了时间，还将其杠杆化了。

所谓杠杆，就是使用相同甚至更少的资源，去创造更多的收益。将相同的力施加在杠杆上，你就可以举起更重的东西。也就是说，只要目的明确，就能在相同的时间内完成更多的工作。即相同的时间投入，获得更高的结果产出。将其应用到生意当中，更高的结果产出就意味着更高的销售额和增长更快的财富。

用"乘法"取代"加法"，像超人一样效率倍增

在每天的工作中，我们都要投入各种各样的资源。比如我们所有人共有的时间、金钱、精力、实物资产等。我们利用上述这些资源，来创造价值，积累财富。

当你花费时间工作的时候，就等于使用时间这种资源去交换财富收入。当你将金钱存入储蓄账户的时候，就等于使用金钱这种资源去换取（极为）少量的利息。

百万富翁们也拥有各种各样的资源。和所有人相同，他们也有时间、金钱、精力和其他形式的资产，但他们异于常人之处，在于用不同的眼光去看待这些资源。

这是常人的思维：

◎ 如果我坚持向储蓄账户内存钱，可能我会成为有钱人。

◎ 如果我增加每天的工作时间，就能完成更多的任务。

◎ 如果我花更多的时间去工作，就能赚更多的钱。

以上这些说法确实没什么毛病，但它们能带来的额外收益是极其有限的。在大多数人眼中，世界最重要的规则是：加法。投入越多，成比例获得的回报就越多。但在有钱人眼中，世界不是这样的。他们也知道"加法"这个规则的存在，像增加工作时间、不断向储蓄账户中存钱的伎俩等，不过也仅仅如此。百万富翁们不喜欢加法，他们喜欢乘法，喜欢倍化。他们喜欢杠杆。他们想让基于时间、精力、金钱和其他资产的投资呈指数增长，而不是呈线性增长。

> 唯有通过他人，你的成果才能实现最强劲的倍增，而你永远无法独自完成这项伟大的事业。
>
> ◄ ◄ ◄ MIRACLE MORNING MILLIONAIRES

与亿万富翁的那次会面，教会了我第一种形式的杠杆：倍增我的时间。在我不断增加工作负担，最终不堪重负的同时，亿万富翁仅仅在工作中战略性地添加了一小撮"灵药"，就能达到事半功倍的效果。每天我都尝试着悉数做完全部的工作，而他却只完成最重要的三件事。日复一日，年复一年，他的成果在成倍地增长，而我仍然只是在做着单调的加法。怎么看我都不会赢。

我将他的忠告谨记于心，并意识到可以改变对时间的利用技巧来扩大成果。很快，我的时间就变得更加宝贵了。用"乘法"来替代"加法"，我的时间利用率大幅提高。

从"带状疱疹患者"到"杠杆大师"的旅程充满艰辛，但却意外地催人奋进。我的一位朋友是如此形容的："就像眼看着你从克拉克·肯特（Clark Kent）摇身一变成为了超人一样。"

当然，我并不是全能的，也不是超人。但当你认识到杠杆的魔力之后，相信你也会感受到相同的力量。

大量财富的创造一定需要团队的力量

当然，在实践过程中你会发现所谓完美的"优先排序"计划也有弊端：只完成 A 类任务会有副作用。

在"优先排序"计划开始后，我手上的 B 类、C 类任务渐渐堆积成山。我的住所变成了垃圾堆，因为我将家务活设置为 C 类任务，并荒废许久。随着生意的不断发展，我的私人财务状况却成了一团乱麻：许多账单拖欠未还。倒不是因为我没钱，而是因为"付清账单"并不在 A 类任务之列。照此看来，我对时间的利用远远没有达到最优状态。

起初一切都很顺利，直到有一天家里突然停电了，我也收到了信用卡的滞纳金通知。公司上下一片混乱，因为长期没有维护，大量的电脑同时罢工，公司几乎无法正常运转了。

直到这时我才明白，我需要杠杆化的不仅仅是时间。不管再怎样放大自身的杠杆，我已经到达极限了，个人知识和能力是有限度的，我需要别人的帮助。

首先，我雇了一位簿记员，然后为自己选了个助手。我开始选拔那些能帮助我处理次要任务的员工。我逐渐组建起一支队伍，并学到了有关杠杆的重要一课："乘法"的价值，并不限于将自身的效用最大化，还在于能善用身边的人。

如果你在所有白手起家的百万富翁们之间发起一次投票，你就会发现，凭借单打独斗成就人生的案例并不是很多，甚至可以说，这种现象是极为罕见的。

虽然，技术的发展为我们提供了数十年前人们所难以奢望的杠杆便利，但大部分情况下，大量财富的创造其实是团体性的活动。

亿万富翁们都深知这一定理：凭借个人能力积累上千万的财富无异于痴人说梦，你必须组建一个团队。

但这并不意味着让一个人员招聘计划匆匆上马，盲目扩大员工队伍。我并不鼓励你生搬硬套别人的经验，你需要结合个人实际再做打算。

团队可以采用多种形式。你可以根据需求聘请承包人和顾问来处理特定事件。而对于小规模企业来说，可以以支付佣金的形式聘请销售代表，或联系小商贩购置产品或材料，可安排遥距助理负责商旅预约等行政助理服务。房地产投资人也可以通过网络召集商户协助管理、修缮维护出租物业。

也就是说，虽然你无需一整套全职的团队去帮你撬动杠杆，但为了实现致富的目标，还是需要组建一支团队。

撬动杠杆：用时间、金钱、精力和天赋倍化工作成果

对于普通人来说，他们可能认为工作才是最重要的致富途径。

这句话不完全对。工作确实至关重要，每天无所事事、守株待兔是无法成为百万富翁的。但如果你想获得更多的财富，就必须将时间和精力（也就是你所称的"工作"）投入到财富增值计划当中去。

但仍有一句话我们需要加以注意：杠杆比工作更为重要。

这怎么可能呢？毕竟对于我们这些花上数十年时间工作的人来说，听上去似乎不尽合理。绝大多数成年人都将自己人生中的美好年华投入到每周 40 个小时的工作中，但成为百万富翁的人却寥寥无几。如果工作才是最重要的致富途径，那我们岂不是早就成了百万富翁了？

可惜我们不是，还差得远。我们当中大多数人都挣扎在破产的边缘，混得最好的可能也就是个"尚可"的水准。

因此，除了工作之外，肯定还有什么其他的因素。这个因素就是"杠杆"。

如何使用你的时间、金钱、精力和天赋，决定了你的财务状况。

这句话值得我们反复揣摩：如何使用你的时间、金钱、精力和天赋，决定了你的财务状况。

决定因素并不是工作。

每个人都在工作。制胜的关键正是"杠杆"。你将如何使用你的时间、金钱、精力和天赋，去倍化你的工作成果？

举例来说，一个房地产经纪人可以将自己职业生涯的全部时间都用来卖房，每一笔销售额都会叠加到他的财富之中。他可以就这样度过一生，把所有的收入存起来，精打细算地度过退休之后的晚年生活。只要他能够吸引更多的客户，就能获得更多的生意，也能通过加班加点增加销售额。不过，他总会在某个时间点遭遇事业上的瓶颈。

对于买房的一方来说，情况就大不相同了。他可以将购买的房产出租，每一处房产都成了一座无需花时间打理，但能源源不断催生月度现金流的宝库。对他来说，倍化而出的收益是永无上限的。

在相同的市场行业，却有着两种截然不同的财富前景。而两者的差异就体现在"杠杆"的运用上。类似的，委身公司、为别人工作的人很少能接触到撬动杠杆的机会；但开创公司的人，往往能通过撬动杠杆，获得无限的未来。

最长的杠杆，就是你的学习能力

此后，我常常认为"带状疱疹"事件拯救了我的人生。如果我还是像曾经那样日复一日地卖力工作，可能早就踏进了棺材，或至少毁掉了身体和家庭生活。

我对杠杆作用了解得越深入，就越习惯于通过杠杆的眼光去审视世界——现在的我就像戴了 X 光眼镜，能透过浅显的"加法"营造出的假象，窥探到杠杆和倍化的隐秘内核。我开始明白，洞悉杠杆原理的真谛并善加利用，这才是人们在财富之路上不断前进的自然进程。在你最初涉足商业圈的时候，往往是一个人白手起家、包揽全部的工作。随着日常事务愈加繁重，你很快就会意识到，如果想要保证所有事务都得到妥善处理，就不得不使用杠杆原理将时间倍化。如果将宝贵的时间浪费在产出极低的工作上——如文件归档等，或者仅达到了"叠加"而非"倍化"的效果，就会有一种事倍功半的效果。更糟糕的是，你还可能会陷入"减法"的怪圈之中。

当你分身乏术的时候，你会意识到，自己可能需要额外的帮助。你不能像我一样，对所有的 B 类、C 类任务弃之不顾，还奢望生活能维持原状，不会脱离正轨。因此，增加人手就成了当务之急。你可以通过撬动他们的时间杠杆来完成更多的任务。在理想状态下，这比你事必躬亲的工作效果更好。

随着财富的不断增长，你又意识到，金钱和时间、人力根本就没有什么差别，也是可以添加杠杆的。为了实现倍化的目的，你需要将金钱也投入到生意之中去，让它滚动起来。

有钱人早就识破了这个秘密。他们知道把金钱存在储蓄账户里（或藏在床底下）根本不会带来什么收益。他们知道只有将时间、人力和金钱放在生意之中充分利用，才能有效倍化自身的财富。

这个杠杆原理全领域通用，因此又被人称为"主操作杠杆"，而我现在就将它推荐给你。你并不需要投入大量的人力资源，也不需要现金以备投资。我只需要你发挥自身现有最重要的资产：你的学习能力。

学习正是致富公式中最为关键、最具决定性的乘数。你通过学习掌握的一切技能，都需要在随后的人生中一遍遍地加以使用，直至将它们记得滚瓜烂熟、运用得炉火纯青。这就好比虽然你手中只有一美元，却能无限地用它来支付。学习能力就是你的那只会下金蛋的鹅，只要你不断地去养育它，它就能为你持续带来可观的红利。

归根结底，这就是"神奇的早起"的终极价值。当世界仍在沉睡之中的时候，一切都在你的完全掌握之下，而此时就是你学习的最佳时刻。你可以充分利用这段时光，照顾好你的下金蛋的鹅，找到那根最长的杠杆。

这就是你实现自身"超能力"的巅峰时刻。

芭芭拉·科克兰（Barbara Corcoran）

创办了纽约第一家女性做老板的房地产公司
该公司成了纽约最大房地产集团柯克兰集团
"创智赢家"投资人

　　每隔一天，我就会进行一小时的身体锻炼，慢跑到办公室。之后，我将写下的待办事宜清单浏览一遍，找出需要优先处理的事项，第一时间处理好。时间如流水，转瞬而逝，因此我一定要确保优先完成最重要的任务。

啄木鸟可以在上千棵树之中的每棵树上敲击 20 次，但一无所获；也可以在同一棵树上敲击两万次，然后找到虫子来吃。

赛斯·高汀（Seth Godin）
现代营销思想大师、前雅虎营销副总裁

第五课│ 啄木鸟困境：
何时该坚持，何时该放弃？

认识百万富翁能给我带来不少的好处，有些好处是显而易见的，比如获得更有价值的关系网络、更为丰富的经验和更充足的资本等。但我最中意的是我能和他们愉快地交谈，了解他们是如何造就今天的自己的。

与卓越人士的深入交谈对我来说是一种绝佳的体验，也是一份非凡的礼物。这是一种真正的优势，他们除了能给你带来财务方面的建议之外，还能给你带来诸多其他领域的助益。如果你有着伟大的父母、身材绝佳的伴侣，或成就非凡的朋友，这本身就是一份礼物，只不过还没有包装到礼盒里罢了。

你们关系的纽带正是你洞悉这些非凡人群成功秘诀的机会，如果你想挖掘创造财富的诀窍，就先挖掘一下你的人际关系网络。如果在你的周遭有什么人已经实现了你梦寐以求的成就，那么他就是上好的资源，千万不要让这个资源随随便便地溜走。

当我有幸会见百万富翁的时候，我通常会问他们一个问题："在你成为百万富翁的过程之中，哪三件事对你的帮助最大？"

没想到，答案竟然是千差万别的。他们一般会说：

◎ 我善于发现机会。

◎ 我是个应用杠杆的高手。

◎ 我称得上是个财富巫师。

◎ 我是最棒的销售员。

但我在他们最不设防、毫无保留的状态下，总能获得差别更大但更为私密的答案，比如：

◎ 我不得不为孩子们树立一个好榜样。

◎ 我的父母破产了。我害怕自己也会过上那种贫穷的生活。

◎ 我是个工作狂。

◎ 我只是运气好罢了。

其中有些人的答案更积极，有些人的答案则更有借鉴意义。不过，我相信每一个答案都是经过百万富翁们真实评估后给出的。

关于这个问题，我们可以从两个角度去理解。首先，你并不需要生搬硬套地复制他人的成功模式。如果有人告诉你，他成功的关键得益于他在理财方面的悟性，但这并不意味着他在财务方面的专长也能帮助你获得财富上的突破。路是自己走出来的，你的资源是自己独有的，你的人生也是独一无二的。适当研究他人的成功捷径是明智之举，但懂得如何选择适合自己的方法才是最佳答案。

至于第二个角度，则有些耐人寻味了。在我获得的数百个答案之中，尽管内容各异，但有一个因素是永恒不变的，即"我从不放弃"。虽然大家会用不同的方式去表达，如"我坚持下来了"，或"我不知道还能做些什么，就一路走到底"等，但意思终归一致。也就是说大家都认为有这样一个概念，它的重要性要远远超越其他因素。这个概念，就是"坚持不懈"。

或许你并不需要坚持，"坚持不懈"并不是一个全新的概念，它的核心意义在于面对困境，仍能继续前进。从新晋的父母到马拉松运动员，我们每个人都需要坚持不懈。但从财富积累的角度来说，"坚持不懈"这个词要比大多数人所理解的含义更加微妙。

我所遇到的每一个有钱人都在人生中有所坚持，但这往往意味着无数次的试错。无论你选择了哪条道路，如果世界的百万富翁都能做到有所坚持，你最好也不要把自己变成例外。因此，学会坚持是非常必要的。

你可将这种精神称作"刚毅"或"韧性"，或者是简单直白的"永不放弃"。尽管名称繁多，但内核精神是不变的。即便形势一再严峻，也要咬牙向前，就像丘吉尔所说的，"如果你正在经历地狱，就请你坚定地走下去"。

那么问题来了，丘吉尔的这个建议其实也存在着两面性。首先，你要如何坚持走下去呢？毕竟，人们之所以会在坚持的过程中退出，是因为所坚持之事过于艰难，不堪忍受。如果致富的道路一马平川，没人会选择退出，那我们岂不是都成了百万富翁？仅凭一句"你要坚持住"作为鼓励，似乎缺乏说服力。

其次，有时候，知难而退反而是正确的选择。尽管我们在上文中说过，"学会坚持是非常必要的"，但在研究了众多百万富翁的发迹史之后，我可以很负责任地告诉你，"学会放弃也是非常必要的"。如果你的生意正处于一种入不敷出的状态，你肯定不会坚持经营，期待财富值递增。如果你投资的资产长期处于低回报，甚至蚀本的状态，你根本就不会指望能凭借它成为亿万富翁。有些时候，退一步才能海阔天空。

这就是我所说的"啄木鸟困境"。一只啄木鸟可以在同一棵树上的同一个位置敲击成千上万次，却一无所获，也可以换个地方，找到食物果腹，存活下来，在日后延续自己的工作。也就是说，啄木鸟的问题在于何时该固守一棵树，何时该另觅他处。换句话说，究竟是该放弃，还是应该坚持？

积累财富亦是如此。你要理清何时做出选择以及做出什么选择。坚持是成功的重要条件，但放弃也同等重要。那么我们如何确定该在什么时间，做出什么样的决定呢？就像啄木鸟一样，究竟是该固守，还是该放弃？

首先，我们来解决第一个问题：何时应该坚持？要解决这个问题，我们必须先对人们"放弃"的三大诱因进行逐一分析。接下来，我们再来考察"何时放弃"的问题，看看什么样的情况下，我们可以去寻找更好的一棵树。

警惕三大诱因：别在不该放弃的时候放弃

正如我们有无数条道路可以致富一样，我们也有无数个原因去选择放弃。然而并非所有的放弃都是必要的、有益的。部分甚至绝大部分放弃的原因都是消极的。它们大致可以分为三个类别。

诱因 1：决策失误

2006 年左右，我的生意开始蓬勃发展。当时，房地产市场不断向好，我也开始不断地往肩上加担子。就在那一年，我名下的公司从一家增长为四家。这太疯狂了。营业额就像乘上了火箭，一路狂飙。随之而来的业务量也不断暴涨。有时，人员的聘用并不那么及时，虽然对各个阶层员工的招聘从未间断过，但我手中积累的工作车载斗量。在这样的工作环境下，我必须在更短的时间内、更少的信息支持下做出更重大、更频繁的决策。

而这样就会导致错误的发生。

而我所犯下的错误就是雇错了人，或租用了一个面积过大的办公场所。在市场低迷的时候，我只能将就着无力支付的办公场所和不能胜任工作的员工艰难度日。我承认自己错得太过离谱，事情的发展也太过迅速。我不得不关闭了两个刚刚开始运营的办公机构来节省支出。在如今的商业圈，你能听到很多"刚开即倒"的公司的流言，其实大部分并非谎言，而是血淋淋的事实。这也说明了，一个错误的决定能引发毁灭性的后果。

不得已关闭的两个办公机构，让我真正体会到了切肤之痛。我不得不放弃大量的订单，承受金钱上的损失，并承认自己的失败。而最痛苦的是，我不得不辞退掉一些优秀的员工，而这些人都是靠我提供的工作养家糊口的，现在我却把他们的一切都剥夺了。对于犯下这类错误的人来说，如果他们没有任何痛苦的体验，那要么是他们在说谎，要么就是他们丢掉了仅存的人性。错误所带来的，就是简单又直白的痛苦。

不过，当一切结束后，我又怀着感恩的心态去面对之前的遭遇。它教会我任人唯贤，懂得进退。不过当时的那种疼痛感让我穷极一生也难以忘怀，让我不断地追问当时那个无知的自己究竟做了些什么。

错误带来的危险是致命的。很多人对犯下的错误耿耿于怀，一是它所带来的痛苦太深刻，二是为了提醒自己，不要重蹈覆辙。如果你仅仅因为犯了错误就选择放弃，那么你不仅错失了学习经验的机会，还永远断送了再次领略相关经验的后路。也就是说，你一旦放弃，就会止步不前。

我们无法避免所有的错误，但我发现当错误出现（它们百分之百会出现）的时候，我可以用"神奇的早起"帮助自己维持一个镇定的、富有远见的心态。这也是我清醒地认识到错误，并从中吸取教训的最佳时段。

通常状况下，我会用提问的方式审视自己，这是我从晨间流程的"书写"环节援引过来的一种"事后剖析"的分析方式。

◎ 这个错误的出现是否意味着我对自己的现状不满？

◎ 是否意味着它正好就是我的短板？

◎ 是否意味着我的生意出了问题？我的计划不尽合理？

◎ 我能从错误中学到什么？

◎ 在未来相同的境况下，我该如何避免类似的错误发生？

◎ 如果出现相同的情况，我该如何识别它？

◎ 我该如何避免做出相同的决定？

一般来说，在回答了上述的若干问题之后，我就已经能够发现错误的所在了。这些错误并不是什么弥天大错，它们只是一个个小小的教训。它们不是我们放弃的借口，而是我们进步的原因。它们会成就你。相信我，从未有过这样一个人，成功避免了所有错误而一帆风顺地成为百万富翁。

诱因 2：恐惧和焦虑

人们常说，思维是绝佳的仆人，也是可怕的主人。当你能完全掌握自己的思维（即由你来充当主人的角色）的时候，你就可以做出卓越的成就；但当你被思维所控制的时候，就会卸下心防，陷入担忧、焦虑、恐惧心理的围攻之中。而这些消极的情绪对你致富的目标而言，百害而无一利，会对你财富的积累造成毁灭性打击。

很久以前，当我在复杂繁重的工作中艰难求存时，一位朋友对我说："你知道吗？你一直在举枪瞄准，瞄准……永远在瞄准，却从不敢扣下扳机。"

他说得没错。我曾是个优柔寡断的人，对待行动和决策永远小心翼翼，生怕犯错误（听起来耳熟不？），担心自己遭到拒绝，一败

138

涂地。但我的朋友真诚地帮助了我。他告诉我，为了成长和发展，我必须扼杀掉恐惧的情绪。

我发现这个问题的答案在于，要当机立断地对你恐惧的事物发起挑战。

举个例子，如果你今天必须处理的事务难于登天，比如应对推销电话中客户冷冰冰的反应，或承受被你激怒的客户汹涌的怒火等，那么解决这件事唯一的方法就是：尽快行动。一旦你开始思考，就会沦为思维的仆人，然后陷入负面情绪的死循环。别想，只管放手去做。

可能你会反问自己："什么才是让事业不断发展的最佳方法呢？"答案就是：直接给你的潜在高端客户打电话。直接去做，付诸行动，不要思考。即便感到焦虑，也先将它扔在一边，放手去做。你需要提高的，正是在恐惧和犹豫面前快速做出反应的能力，而且相信我，这只是一种技巧，是一种你可以通过"神奇的早起"黄金时间快速培养的技巧。一个遵照你的意愿，配合你的步调，在你完全掌控之下的平和的早晨，绝对能帮你减轻恐惧和焦虑带来的压力。这些压力在你脑海中的形象不再是循循善诱的精神导师而是徘徊在后院中令人厌烦的吵嚷邻居。曾经，这个邻居时常打断你的思绪，令你分神，迫使你早早放弃。而现在，十有八九，你会选择无视他。

不要让恐惧和焦虑控制你，让你感到现在所做的一切都对财富的增长毫无意义。即便你会感到害怕，但这并不意味着你做得不对；同样，焦虑也并不意味着你的事业出了问题，或者你会陷入破产的窘境。有时候，恐惧和焦虑反而会成为督促你前行的引路灯，而不是规劝你放弃的指示牌。

诱因 3：缺少冲劲

面对恐惧心理，仍能坚持采取措施（即便措施有所缺憾）的人，总比那些止步不前的人要强很多。而这些束手束脚，最终选择放弃的失败者往往有一个共同的缺陷：他们缺少冲劲和一往无前的势头。

> 每天都要朝梦想大步前进，不要停下，没有任何事物可以阻止你。
>
> ◀ ◀ ◀ **MIRACLE MORNING MILLIONAIRES**

当你面对重大的甚至有些骇人的挑战时，你往往能眺望到胜利的曙光。随着成功的经验不断累积，你开始构建出一种大胆的行为模式，而这种行为模式往往会给你带来人生和财富上的巨大收益。

这种"良性循环"解释了为什么敢于尝试的人往往会成为百万富翁。他们拥有在无数次尝试中形成的成功经验，即勇敢无畏、目的明确的行动确实能带来可观的收益。即便犯了各种各样的错误，他们也知道自己最终总能将其纠正，重返正轨。

有时候（尤其是对那些初次尝试积累财富的人来说），一系列的错误或看似缓慢的进展会开启一个"恶性循环"。工作进度越是缓慢，你就越丧失更多的自信，最终导致忧虑心理。而你担忧得

140

越多，采取的行动就越少。在你意识到错误之前，你就已经陷入了困顿的局面。

如果以上的情况你感同身受，要知道并不是你一个人如此。人的"冲劲"，也就是"势头"，就像海潮一样，会有退潮期甚至随波逐流的阶段。而保持冲劲的秘诀在于尽力缩短"退潮期"，不要在遭遇困顿的同时武断地选择放弃。

在"神奇的早起"中，我一般采用以下方法来保持自身的冲劲：

反思目标

有时，我们会在前行的道路上迷失方向，进而丧失了冲劲和势头。这听上去似乎有些耸人听闻，其实我们很容易不知不觉地就丢掉了原有的目标。在我的晨间流程中，我会每周回顾自己以往设下的目标。

比如，我的一个目标就是在一年之中健身 240 次。在既没有按时回顾目标，又没有自我监督的情况下，很快我就将健身目标弃之脑后了。不过现在我会时刻提醒自己，在开展行动之前，一定要定期对目标加以回顾，才能将其牢记于心。

保持健康的体魄和充沛的体力

如果健康状况堪忧，体力跟不上，保持冲劲就会沦为空谈。每天都要健康饮食、坚持运动，灵活运用你的晨间流程。千万别抱有"早起一身乏"的错误念头，晨练正是你维持饱满体力的不二法门。

想要了解更多关于精力建设和重塑动力的内容，敬请翻阅第三部分的"实践二：始终保持精力充沛"。

管理好你的交际圈

精力不仅仅来源于身体的内部环境，可能你平时交往的人群才是影响你精力水平的最重要因素。你的朋友、教练、员工、配偶、同事和客户都会影响你的精力水平，并相应地对你的动力产生积极或消极的间接影响。将你周围的人际关系想象成一座花园，栽种你最中意的、能帮你提高生活质量动力水平的植物。

如果你需要更多的帮助，不妨加入"早起俱乐部"社群，寻求持续的支持、实用的帮助和重塑动力的诀窍。存在疑惑怎么办？拥抱你的爱人。他会为你提供源源不断的动力！

有时候，你必须学会忍痛割爱，学会止损

在 2006 年，我开始踏足商界，损失了近 100 万美元。

我当时开办了一家英语培训学校，为新晋移民培训英语。我曾认为我的构想万无一失，在当时的市场上绝无仅有；我对学校的发展前景充满希望，激动不已。

随后就出现了两个问题。第一个问题在于时机不对，后来发现这也是最大的问题。就在我的学校成立不久，美国楼市就变得一蹶不振。不管我的生意做得多成功，只要整体经济疲软，前景终究堪忧。

而更紧迫也更实质性的问题在于，我雇错了人来管理我的生意。

当时我刚刚经历了"带状疱疹"事件，意识到无法事必躬亲。但我在雇人方面没有什么经验，于是找了一个不可靠的家伙。结果，我的生意急转直下。等我意识到问题所在的时候，为时已晚：我的学校破产了，我有了 100 万美元的财务缺口。

不过这次的事件有着更深层次的原因。无论是时机不对，还是我遇人不淑，都不是我犯下的最严重的错误。而最严重的错误就在于我只知进，不知退。

在此之前，我们一直在探讨如何才能坚持不放弃的问题——如何坚守住既定的计划来创造财富。

但实际上，懂得放弃也是致富的重要手段之一。并不是所有的工作都需要不屈不挠的坚守，有些坚持是不会带来任何好处的。不撞南墙不回头也是要不得的。

有时候，你必须学会忍痛割爱，学会止损。

在我的经历中，我本可以尽早摆脱学校的生意的。在我损失了 35 万美元之后，有那么一个时刻，我还能相对从容地退出。可我不但没有撤资，还加了码。

我死守着入不敷出的学校，并追加了 65 万美元的投资。短短几个月之后，我不得不面对现实，更准确地说，我不得不面对早就摆在眼前的现实：学校破产了。

我为这个教训，付出了高昂的学费。

不过，至少我学到了一课。在这次损失（和随后几年的其他损失）发生之后，我花了相当长的时间进行反思，想搞清楚我当初拒绝早些退出的原因，以及如何才能更聪明地做出取舍。

问自己两个问题，你会知道何时应该全身而退

在畅销书《这才是我要的工作》(*Born for This: How to Find the Work You Were Meant to Do*) 中，作者克里斯·吉耶博 (Chris Guillebeau) 用两个简单至极的问题就能帮我们决定，究竟何时才是选择放弃的最佳时机。虽然简单，但它们却能帮助你在难以割舍的问题上 (如生意、恋情、工作等) 全身而退。

问题 1：你目前的行动奏效吗？

在本书中，"你目前的行动奏效？"指的就是你的致富计划。毕竟，这是一本关于如何获得财富的书。如果你制定目标的方向并不能将你引往百万富翁的道路上，那么适时地放弃就是必要的。

目前你选择的道路能否帮你在期望的时限内赚取目标财富？这才是你要询问自己的问题。如果答案是否定的，那么你就该着手做出改变，或者干脆放弃当前的计划，从头再来。

但你究竟该做何选择？

为了寻找这个问题的答案，你需要问自己第二个问题。

问题 2：你是否享受现在的工作？

金钱并不是人生的全部。我花了大半辈子追求财富，你不妨听听我的忠告：金钱并不是唯一重要的东西。

而且，在第二课中我们知道，将财务和情感分开来谈并不容易：如果你长期从事自己所厌恶的工作，你肯定无法成为百万富翁。

因此，我们还需要将一个重要的因素纳入考量的范围：你对这份工作的享受程度。

你享受现在的工作吗？不论你创造财富的方式是什么：主业、副业还是投资，你真的享受这个过程吗？

如果我们将这两个问题的答案结合起来，就能得到图 2-2：

图 2-2　选择放弃前的两个问题

如果你能看出只在一种情况下才需要选择放弃，那你还真的具有相当的洞察力。在这种情形下，你既发现当前的行动不能奏效，也并不享受当前的工作。而在其他状况下，你可以继续坚守当前的选择、加倍努力，或者做出一些必要的改变。

让我们再次回到出租物业的例子之中。如果你的资金正处于亏损状态，也就意味着行动没有奏效。不过在你做出任何改变之前，最好先扪心自问：你享受这个工作吗？

如果答案是否定的，那么你就需要另作打算了。但如果你享受这份出租活计的话，那么你在选择放弃之前，最好先搞定以下几个问题。你是否能通过再抵押来降低成本？涨房租呢？是否需要房屋改建来提高价值，或者再多招揽些租客呢？

在商业领域，亦是同理。短期遭受亏损的生意也许可能会在长期过程中扭亏为盈。这时候就要问问你自己了，最好的结果会是怎样？最有可能出现的结果会是怎样？最糟糕的状况又会是怎样？如果还有喘息之机，你可能不愿意放弃一手创下的生意。但如果你不再对它感兴趣呢？如果失败已成定局，已经无力回天了呢？

这时候就要向百万富翁们学习，全身而退。

你可能纠结的问题在于，贸然放弃可能是一步昏招；但你也要记住，知错不改也是一步坏棋。有时候，韧性和坚持反而会使你陷入危险境地。下面我们将列举出两种最常见的令人迟疑不决的诱因，请大家引以为戒。

沉没成本。还记得它吗？我们的大脑天生厌恶损失。实际上，我们对损失的厌恶要远远超过对盈利的偏好。这就会导致我们异常执着于已经占有的事物（如失败的生意或投资），并促使我们持续向败局中投入资源——坚守败局、死不悔改。要记住，沉没成本已经沉没了。你无法扭转时间。

恐惧心理。在上文中我们提到，恐惧会促使我们放弃本该坚持的东西，反之亦成立。对失败的恐惧，对窘迫难堪的恐惧反而会促使我们死咬着错事不放。感到恐惧并没有错，不过一旦你受到恐惧的支配而做出反向的选择，它的危害就体现出来了。

用"神奇的早起"做出正确判断

虽然世人都说"永不放弃"，但它并不是百分之百的正确；

同理，"蝮蛇螫手，壮士解腕"也不一定全对。真理就在分寸之间。在做出改变之前，你必须拿捏好坚持和放弃的平衡，才能让计划顺利地开花结果。

坚持还是放弃，这是个值得思考的问题。而在这时，"神奇的早起"的功用就体现出来了。

当你被一天之中混乱无章的琐事折腾到焦头烂额之时，恐怕很难做出坚持还是放弃的决断。你既不能冷静地比较两者的得失，也无法保持头脑的清明，进行准确的判断。

而"神奇的早起"就是你清空思绪的绝佳时机。你可以利用清醒的头脑通观全局，将所有关键点纳入脑海，以便做出正确的判断。

在创建财富的过程中，坚持与韧性是至关重要的，尤其是在遭遇阻碍和严峻形势之时，它将是你不可或缺的伙伴。

而审时度势、懂得放弃也同样重要。有时，适时止损也是处事的智慧。

要想成为百万富翁，你就要拿捏好分寸，掌握好时机。

杰克·多西 (Jack Dorsey)

"美国微博" Twitter 联合创始人，前任 CEO
改变世界的程序员，硅谷明星创业者

杰克每天早上 5 : 00 起床，冥想半小时之后便锻炼身体，随后前往他最爱的咖啡店吃早餐。

"5 : 00 起床，冥想 30 分钟，完成三组 7 分钟的锻炼项目，冲咖啡，上班打卡。通常我的睡眠时间为 23 : 00 — 5 : 00。熄灯能帮助我快速入睡。冥想和锻炼最有效！"

找好自己的认知定位，顺应自己的财富性格，才能找到合适的成长与创富之路。

罗杰·詹姆斯·汉密尔顿（Roger James Hamilton）
财富全球定位系统创导者
《财富流》（*The Millionaire Master Plan*）作者

第六课 │ **越了解金钱，就越能掌控好它**

我知道你正在想些什么，我全都知道：这本书的主题是如何成为百万富翁，但在前几课却对"金钱"只字未提。

我之所以这样做，是有充分的理由的。虽然金钱的数量可以作为衡量你是否成为百万富翁的标准，但它也只是一个量具，一个参考标准罢了。金钱就像是一种比赛计分制，告诉你目前游戏进行得究竟如何。

而我们在前文中所讨论的内容，就是为了让你拥有能用金钱去衡量的财富，这也是你能登记在记分牌上的资本。它们对于财富的积累具有至关重要的意义，能帮助你：

◎ 积极地做出积累财富的选择。

◎ 打造一个生活的愿景来激励你每天采取行动。

◎ 制订一个"飞行计划"来指导你的努力和行动。

◎ 学会利用杠杆的力量将时间和精力"倍化"。

◎ 培养何时坚持、何时放弃的眼光。

你会发现，凡是成功的百万富翁，基本上都具备以上各种能力。以上每一项都极其重要，在致富的道路上扮演着重要的角色。不过话说回来，百万富翁之所以被称作百万富翁，是因为他们有钱。那好，现在我们需要坐下来谈一谈钱的问题了。在本课中，我们将深入探究五个和金钱密切相关的概念，它们是每一个想成为百万富翁的人所必须深刻了解的。

个人理财，你的财富积累之始

谈起百万富翁，我们通常容易想到奢华的生活、庞大的企业、可观的证券投资组合、企业最高管理层的地位等。然而实际上，财富始于生活中更为卑微、更为私人的角落。它起源于我们每个人手中所掌握的一个基础概念——个人理财。

这听上去似乎有些奇怪，毕竟，这不像是在你家的沙发靠垫下发现了 100 万美元的支票，或者是偶尔翻出了一张遗忘已久但存金百万的存折那样轻而易举。但我们确实应当重视个人理财，因为它们代表了你的投资喜好和对待财富的态度。

举例来说，你可能会觉得坐拥 100 万美元资产的时候，生活就会变得容易一些，但其实并不是这样。

就算你挣得再多，你依旧是你：如果你的消费习惯是花掉当前财富的 110%，那么当你拥有 100 万美元的时候，也照样会花掉 110%。相信我，这比你想象的要容易得多。

简而言之，如果你无法有效地管理财富，就永远不会赚取更多的财富。不管你采取何种措施，也一定要保证，千万不要让生活中的花费高于你的收入水平。

那么盈余的部分呢？将其放置一边，以备他用。如果你的财务存在盈余，那么相应的选择余地也会大一些。你可以去投资，可以在工作和交易中做出更好地选择，保持一颗更加清醒的头脑。如果你的个人生活赤字不断，即便想要做出改变，可能也力不从心，但事到如今你应该也知道做出改变的重要性。

这可不是你父母一直念叨的"为未来存点积蓄"的问题。这是关于如何有效管理现有资产、养成良好的理财习惯、像百万富翁们一样做出不同寻常的选择的重要问题。

我建议你把银行存款拿出 10%，将其存入不同的储蓄账户中。办理成自动转存模式，但一定要放在不同的账户中。这笔钱的数额越大，你做出选择的余地也就越大。

你还要记住，大部分有钱人会将收入的一部分投入到他们所信赖的事业之中。其实，你不用等自己变成有钱人之后才开始这项活动。励志演讲家和畅销书作家托尼·罗宾斯（Tony Robbins）曾说："如果你不愿为了 10 美元放弃掉 1 美元，那你永远无法获得为 1000 万美元放弃 100 万美元的机会。"如果你觉得 10% 这个比例过于巨大，不妨将其调低为 5%、2%，哪怕是 1% 也行。

数额并不重要，重要的是要刻意改变你的思维模式，形成一种足以让你余生都能从中获益的投资习惯。

你需要不断地说服自己，你其实可以创造大量的收入。你需要相信，你还能不断地获取财富，而更多的财富还在路上。

如果你无法经营当下所拥有的，那么就更不可能有效地经营更多的财富。

> 数额并不重要，重要的是要刻意改变你的思维模式，形成一种足以让你余生都能从中获益的投资习惯。
>
> ◄ ◄ ◄　MIRACLE MORNING MILLIONAIRES

让"慢钱"变"快钱"：投资更高回报的市场

在本部分的第四课中，我们从数学的角度考察了百万富翁和平常百姓的区别：当世界上大多数人使用"加法"累积财富的时候，百万富翁们已经学会了用"乘法"去倍化财富。我们还学习了如何使用杠杆原理将优先排序原则和其他人的努力成果融合到自己的时间中，从而将成果倍化。

金钱也需要倍化。我习惯于将金钱想象为一种拥有速度的变量。如果你只是将金钱封存在储蓄账户中，它的升值速度就会降到冰点，需要花上数年的时间才能有明显的增长。也就是说，储蓄账户中的钱是一种慢钱。

当你将金钱投资到实业或地产，或寻求其他方法投资到更高回报的市场之中，金钱的升值就会加速。也就是说，金钱升值的速度得到提高，你的财富也会快速增值。

金钱需要有效地使用。如果你想成为百万富翁，就需要学会用金钱来撬动杠杆。也就是说，金钱升值的速度越高，你成为百万富翁的速度就越快。

评估自己的风险承受能力

然而，一般说来，金钱流动的速度越快，风险也就越高。我们不妨将金钱想象成一辆汽车。在低速行驶的时候我们对汽车的操控也更为方便简单。也就是说，你的风险处于较低的水平。

随着汽车速度的提升，你的风险也就增高。如果你用行车法定速度的两倍来过弯，风险就会成百上千倍地增长。虽然你能更早地抵达目的地，但你沿途承受的风险也相应提高。

金钱亦是如此。金钱流动的速度越快，风险也就越高，而风险越高，你积累财富的速度就越快，但"撞车"的概率也就越高。

存在储蓄账户之中的钱实际上是无风险的但储蓄利率却极低。实际上你的存款基本会处于贬值的状态，只因存款利率要远低于通货膨胀率。这就是你为无风险的流动资金所必须支付的成本。

对于一个成功的风险投资人来说，高风险也伴随着高回报。虽然持有的项目有很高的风险，不过一旦项目成功，就能赚取百倍本金甚至更多的回报。

至于我们最多能承受多少风险，这个问题没有准确的答案。

每个人的风险承受能力都是不同的。你需要理清的就是风险和回报之间的关系。想要快捷、安全地成为有钱人，这样的想法是不现实的。

因此，想要积累可观的财富，就必须对风险有深刻的了解和一定的承受能力。

多种收入来源：把鸡蛋放到不同的篮子里

有一个方法，既能提高金钱的流动速度，又能有效地控制风险，就是掌握多种收入来源。

即便是经营单一实业的百万富翁也需要在内部将生意进行细化，以便获得多个收入来源。汽车交易商最主要的生意就是卖车，但也会提供汽车维修保养、租赁融资服务；饭店的主营业务就是提供午餐、晚餐，但也会承办酒席、销售较高人气的速冻菜肴等。

实业进行多种经营的依据，一方面是为了提高在单个客户上的销售额，另一方面也是为了降低风险、测试新市场的赢利能力。多种收入来源能提高财富数量，同时，它也能有效地降低风险，就好比把鸡蛋装到多个篮子里那样。

在哈尔 25 岁时，他准备离开"钱"景大好的销售舞台，转而追逐梦想，成为一名全职企业家。在他还是一名优秀的销售人员的时候，就已经开始经营他的第一桩生意了，同时这也是他的第一份工作以外的收入来源：为其他的销售人员和销售团队提供销售培训。

随着时间的流逝，哈尔逐渐将额外收入来源扩张成了九个。除了之前就一直在进行的销售培训之外，他还增加了团体培训课程、写作、演讲、播客主持、国际出版、《早起的奇迹》系列书籍版权和特许权出售、主持 300 多人的现场真人秀等附加工作。

额外收入来源可以是积极的，也可以是消极的，或者两者皆有。其中一些是为你从事的工作付薪（积极的），一些是为你的无所事事买单（消极的）。你可以将额外收入来源以产业划分成组，这样做当市场低迷之时，可以有效保护资产、减少损失；在市场繁荣的时候，可以做好规划，大赚一笔。

哈尔的挣钱方式只是成千上万项副业之中的一种（比如，你可以投资房地产、买卖股票，或者开实体店等）。下面我会直接为大家列举一些行之有效的方法，帮助大家挖掘属于自己的额外收入来源。

最重要的一点，就是你要使你额外的收入来源多样化。在你的日程表上开设相关的时间模块，比如每天一小时、每周一天或在每周六花上几小时的时间。这样一来，你每月就能收获一笔额外的收入，为自己提供经济上的保障，最终为未来的自己实现财富自由奠定基础。

我将在下文中列举哈尔反复实践过的几个步骤，你可以将它们按需改良以符合自己的需求。

步骤 1：认清你独特的价值

每个人都有自己独特的天赋、能力、经历和价值。这些独特的因素不仅能为他人的人生增加价值，还能让他们在此过程中得到更高的补偿。而你要做的，就是找到你所拥有的或能够创造的异于常人的知识、经验、能力，为他人的生命增光添彩，同时为自己赚取收益。

要记住，在你眼中习以为常的"常识"可能对他人来说非常陌生。以下我将列举几种方法，帮你快速认清自己的价值。

你的身份和独特的人格决定了你与世人不同的人生价值观。即便传递的人生价值观相同，但你总会找到某个人，能与你的人格产生更为和谐的共鸣。知识则是你能相对快速地加以提高的特性之一。就像托尼在他的畅销书《金钱：掌控游戏》（*Money: Master the Game*）中写道："人们成功的原因之一，就是掌握了他人所没有的知识。我们付钱给律师或者医生，是因为他们拥有我们所欠缺的专业知识。"

因此，提升你在特定领域（也是其他人需要的领域）的知识，是迅速提升人生价值的有效手段之一。你可以通过两个方式获益：要么有偿地教授他人，要么受他人的委托使用相关领域的知识。

有效的包装也是彰显价值的手段之一。当哈尔在撰写《早起的奇迹》一书时，其实他的顾虑颇多，毕竟"早起"这个方法并不是他发明出来的。他当时非常担心这本书无法打开销路。

书的内容很简单，就是为读者提供按部就班的步骤，通过鼓励大家早起，帮助大家彻底改善生活的方方面面。结果我们大家都知道，这本书受到数十万读者的追捧。究其原因，则是得益于哈尔对于书中内容的包装。

步骤 2：找准你的目标受众

首先要确定，你的最佳目标受众是一个怎样的群体。哈尔曾经是一位打破多项销售纪录的天才销售员，就是凭着这个背景，他才下决心为销售代表群体服务，因此他的第一个销售培训项目才得以诞生。如今，哈尔凭借《早起的奇迹》系列书和"最好的一年"蓝图现场活动红遍全球，有了更为广泛的受众群体，他的培训目标也就转变为想凭借作品获得百万收入的新晋作家。

基于自身的人生价值，你可以帮助他人增加人生价值、解决问题，并借此得到回报。那么现在的问题是，谁愿意为此付钱给你呢？

步骤 3：建立一个能自运营的网络社区

白手起家的千万富翁丹·肯尼迪（Dan Kennedy）曾向哈尔说道，一名企业家所拥有的最宝贵的资产，就是他的电子邮件列表。据哈尔所说，这句话成了他财富生涯的重要转折点。

在那个时候，哈尔的电子邮件列表中除了家人和朋友之外，空空如也。当他意识到其中蕴含的潜力之后，就将扩充电子邮件列表定为当务之急。他听从丹的建议，并在 10 年之后将这个列表扩展成了超过 10 万名忠实用户的名单，还顺势建立并发展成了世界上颇受欢迎的网络社区之一。

"神奇的早起"社区的 Facebook 账户目前拥有 70 多个国家的 10 万名以上关注者，而且这个数字每天都在增长。它已经成了著名的网络社区研究个案。

步骤 4：为社区成员创建解决方案

当社区成员提出需求的时候，就是你创建解决方案的最佳机会。

你可以推出实体、电子特色产品（如书籍、音频、视频、手写的训练计划或软件）或服务方案（如养狗、家政、培训、咨询、演讲或训练课程等）。

步骤 5：制订浪潮式发售计划

回想一下，苹果公司每年是如何召开产品发布会的，它们可不会仅仅将产品扔到货架或网站上。苹果公司会在产品发布会数月前做好预测，将发布会变成一场盛事，甚至有粉丝愿意提前在苹果商店外扎个帐篷，只为在第一时间目睹新产品的真容。为了提高销量，你也需要做成这样。

你可以读一下杰夫·沃克（Jeff Walker）撰写的专业书籍《浪潮式发售》（Launch），来做进一步的学习。

步骤 6：寻找一位导师

基于个人不同的经历，你可能会把这个步骤设置为整个流程的第一步。正如我们所知，将学习曲线效应最小化，同时将学习速度最大化的最佳方式，就是找一个已经成功的模范，向他请教、学习。找一个已经达成你梦想的成功人士，研究他成功的方法，将他的行动加以调整以符合你的个人需要，总比你自己在黑暗中苦苦摸索来得方便。

你可以造访智囊团，或者聘请导师，但并不一定非要遵循当面授课的方式。你甚至可以通过读书（比如本书）来汲取其中的智慧，把它当作导师的教诲。

房地产业也许能让你逆势爆发

哈尔的财富大多是通过"神奇的早起"品牌和相关的产品服务积累起来的，而我则是通过买卖房屋变成有钱人的。

在房地产市场中，有无数条发家致富的道路可供你选择。房地产业是我业务发展的主要引擎，但需要特别提及的是，它也适用于所有人。原因如下：

1. **可靠的业绩**。很多百万富翁都是凭借房地产起家，这是积累财富的有效法门，且屡试不爽。和其他某些生意不同，房地产是以拥有真实价值的资产作为担保的。

2. **较低的行业壁垒**。千万不要以为房地产业就意味着高楼大厦，都是地产大亨们的游戏。关于房地产的一个重要特征在于，在这个行业中搏杀的人并不都是有钱人。有些行业确实需要数百万的资金作为敲门砖，但房地产不是，你完全可以用手头上的资金进入市场。

3. **短期收益和长期回报并存**。我最喜欢房地产业的一点是，它既能带来短期的收益（如房屋租金），又能在房地产市场升值的情况下，提升产业市值，为你带来升值利得等长期回报。

4. **无须经常打理**。身为企业家，经营一家企业来创收，是一项需要全身心投入的工作，你所获得的也是一种主动形式的收入。然而房地产却能给你带来被动收入。当你从事别的工作时，却能按时收到别人偿付给你的月租，这种感觉不要太好！

5. **不问年龄，不挑技能**。房地产是一个绝佳的平衡器。无论你是老还是少，是企业家还是全职员工，都能轻松胜任。你还在上大学？你可以把房间租给同学。你已经退休了？那太好了，你可以全身心地投入到资产管理上，赚取更多的利润。

这就是大多数人选择房地产作为致富方法的原因，它易于操作，收益不菲，并不需要你具备什么专业的技能。如果你需要灵感或鼓励，请阅读畅销书《财富不等人》和罗伯特·清崎撰写的《富爸爸财务自由之路》(*Rich Dad's Cashflow Quadrant*)。

别被房地产所谓的名头吓到了。从小事做起，加以实践，你最终会为你的成就感到震惊的！

金钱究竟衡量了什么？

在通往百万富翁的道路上，金钱所扮演的角色似乎有些矛盾。

金钱是很重要的，但在某些奇怪的角度上来看，它又不是最关键的。诚然，要是不爱钱，就无法成为百万富翁。但它并不是整个游戏的终点，只是一块记分牌而已。

但它记的是什么分呢？

最明显的一个答案就是：美元。也可以是人民币、欧元、英镑，或比索、日元等其他你所使用的计量币种。

虽然上述答案给出了"财富"表面上的定义，但对于概念的理解并不能帮助我们切实挣到足以成为百万富翁的财富。

为了解答这个问题，我们需要从其他的角度去审视金钱的含义。我们需要问自己一些问题。不是"我到底拥有多少金钱？"或"我

赚了多少钱？"之类的追问，而是一个直指核心的问题：金钱究竟
衡量了什么？

打个比方，就我来说，金钱衡量了我进步的程度。以这个答案
作为前提，我需要追问自己的问题就不在于"多少""多快"或是
"多容易"了，而是以下这些：

◎ 我对于理财的知识究竟掌握了多少？应用得如何？

◎ 作为企业家，我如何提升自己所需的各项技能？

◎ 我为这个世界创造了多少价值？

◎ 我如何才能创造更多的价值？

◎ 我如何才能成为更优秀的人？

随着我内心对上述问题答案的不断变化，我的收入也在节节攀
升。我成长了，我的财富也是。

那么你需要如何着手呢？你也可以向自己提出相同的问题。问
问你自己究竟为这个世界创造了多少价值；问问你自己，为了达成
致富的目标究竟需要学什么、做什么。不要一再地追问世界"我什
么时候才能赚到钱？"问问你自己，金钱究竟教会了你什么？

当然，如果你觉得前路还不是很明晰，完全可以在起床之后率
先思考这个问题。

现在就开始吧。两年之后，你会庆幸自己做了这个决定。

别光期待，别再等待。

现在就开始。

爱丽丝·施罗德（Alice Schroeder）

巴菲特授权个人传记《滚雪球》（*The Snowball*）作者

　　作为一名资历尚浅的年轻律师，查理的时薪大概是20美元。他问自己："谁才是我最有价值的客户？"然后得到的答案是：自己。所以他决定每天卖给自己一个小时的时间。他每天早起，仔细研究施工项目和房地产合同。每个人都需要这样做，变成自己的客户，然后再去服务他人。最重要的是，每天卖给自己一个小时。

第三部分

通往财富自由的
3 项成长实践

MIRACLE MORNING MILLIONAIRES

把你的身体和精神完全引导到你所渴望的目标之上。现在，是时候利用清晨的时段来达成你的百万富翁目标了！

我能提供给你的唯一的建议就是：清楚了解自己的价值取向，深思熟虑做出选择。

马歇尔·古德史密斯和马克·莱特尔（Mark Reiter）

《向上的奇迹》（*Mojo*）作者

实践一 ｜ 搭建你的自我领导体系

如果在街上随机挑选出 100 个人询问他们成为百万富翁所必需的条件，恐怕最多的答案就是：更多的钱。

如果我们在坐满了 10 岁孩童的教室里问这个问题，估计也会获得同样的答案。这个答案在理论上是正确的，但没什么实际意义。因为大部分人认为，更努力地工作就意味着得到更多的钱。

我并不是说工作不重要，但社会的影响已经让我们习惯了这个答案：想要拥有更多，唯一的方式就是多做。

◎ 想要更多的钱吗？那就更拼命地工作吧，在工作上花更多的时间。

◎ 想得到更多异性的青睐吗？多举哑铃、多爬楼梯，练就好身材。

◎ 想要获得更多的爱吗？为你伴侣付出更多。

但如果这并不是真正的答案呢？如果答案不是"多做"，而是"变得更多"呢？

这套哲学不仅催生了"神奇的早起"，时至今日仍是它的理论基础：你在每一个领域所获得的成功往往是由你的个人发展水平（如信仰、知识、情商、技艺、能力、信用等）决定的。

换句话说，如果你想拥有更多，就先要成为更好的自己。

"神奇的早起"最基本的原则，就是"你的自身发展要比你的一举一动更重要"。但讽刺的是，正是你每日的一举一动成就了未来的你。为了成为更好的自己，你需要谨慎地对待你所花费的每一份时间和精力。

百万富翁们都是在有意或无意之中锻炼自我领导力的。他们早就知道，成为更好的自己，关键在于坚持自身的发展。在我正式讲解自我领导力的概念之前，我想先和大家分享一个重要发现，即"思维模式"在自我领导力形成，以及财富创造的过程之中扮演了怎样的重要角色。

打破自我设限，找到解决方案

在实现个人或职业目标的时候，你可能会无意识地被错误的自我禁锢意识所影响，对自身的能力产生怀疑。

举例来说，你可能不止一次地认为"我能更有条理、更高效"。事实上，你可能一直都具备这样的能力和条件，比你想象中的自己更优秀。但妄自菲薄反而会限制你的能力，加速你的失败。人生之路已经是充满崎岖，就不要再为自己设置障碍了。

高效的自我领导者会仔细审视自己的信仰，然后有效地趋利避害、去芜存菁。当你发现你的言行有被自身禁锢的征兆时，比如在"我总是没有时间"或"我做不到"时，一定要停下脚步，抹掉脑海中设置的自我限制，问自己几个问题：我怎么才能从现有的日程中挤出时间来？我怎么样才能做到？

这样一来，你就会最大限度地激发自己先天的创造性，从而找到解决方案。当你下定决心的时候，办法就会自己冒出来。就像网球明星玛蒂娜·纳芙拉蒂洛娃（Martina Navratilova）曾说的那样："参与一件事和把一件事做好的觉悟是不一样的，就像鸡蛋和火腿一样。猪要牺牲生命才能奉上火腿，而鸡只要轻松的下蛋就可以了。"全身心的投入和付出，才是解决问题的关键。

为失败击掌，摆脱"后视镜综合征"

正如哈尔在《早起的奇迹》中写道，我们大多数人都是后视镜综合征患者，都习惯于用过往的身份限制自己现在和未来的发展。要记住，你的身份决定了你的位置，而你的选择决定了你前进的方向。对于百万富翁来说，这个论断尤其重要。你总会犯下错误，但千万别让负罪感遮挡住视线，看不到自己身上的光芒。我们的发展是无可限量的，未来是充满希望的。我们犯下的每一个错误都是学习、成长、完善自己的机会。

我曾经看过萨拉·布雷克里（Sara Blakely）的一个访谈节目。

她是 Spanx（美国知名内衣品牌）的创始人，同时也是美国最年轻的白手起家的亿万富翁之一。她在节目中将自己的成功归因于父亲对他思维模式的培养："在我的成长过程中，父亲一直在鼓励我失败。比如，放学回家后，在晚饭餐桌上，父亲会说，'你今天失败过吗？'如果我的答案是否定的，他会非常失望。这种逆反心理教育法非常有趣。有时候，我回到家后会告诉他，今天有什么事情办砸了，我心里很难受。但他反而会兴致高昂地和我击掌。"如果我们能提供机会，我们犯的错误反而能成为我们人生中最具价值的课程。

所有人都会犯错误。作为人类，我们的人生并没有面面俱到的说明书，也没有人在我们成长的道路上对我们耳提面命地提供建议。要对自己的选择充满信心，即便心怀疑虑，也要积极寻找答案来支持自己的选择。

所有的成功者，都曾在生命的某个时刻做出选择，试图去寻找那个前所未有的自己。他们会抛弃以往认知所铸造的枷锁，形成新的信仰，去探究自己无限的潜力。

那我们究竟该怎么做呢？最佳的方式就是遵循"神奇的早起"自我肯定宣言的四个步骤。要确保自我肯定宣言能够时刻提醒你所能获得的最为理想的结果，为何你的选择如此重要，你需要付诸哪些行动去实现目标，以及你该何时下定决心来采取这些行动。

积极寻求支持伙伴

寻求支持也是百万富翁们掌握的一项重要技能。很多人宁愿深陷盲目的自我挣扎中，也不愿意开口向别人寻求支持，归根结底都是虚荣心在作怪：人们总认为其他人的能力更为出众，因此还未开口就在心态上落了下乘。

而高效的自我领导者非常清楚，单打独斗并不是成功之道。举例来说，人们很容易感到空虚，因此你可能需要道义上的支持来填补精神上的空白。再比如说，当形势愈发严峻之时，你可能也需要有力的支撑来渡过难关。在人生的不同领域，我们总会有需要他人支持的时候，而成功的自我领导者都深刻明白这个道理，并有效利用他人的支持，获取助益。

"神奇的早起"Facebook 社区就是寻求支持的绝佳之地。社区成员都是积极友好、随和机敏的良善之辈。你可以尝试着在此寻找与你拥有相同目标和兴趣爱好的人。除此之外，Meetup.com 也可以帮你联系到周围志趣相投的朋友。我个人建议你最好找寻一位可靠的伙伴来帮助你提高，他可以是你人生道路上的导师，也可以是你生意上的合作伙伴。

提升自我领导力的四大原则

自我领导力也是一项技能，也是建立在一定的原则基础之上的。为了有所成长，最终抵达你梦寐以求的成功目标，你必须督促自己精通这项技能。

我个人最喜欢的方式，还是将学习曲线截成两段，通过模仿成功人士的显著特点和行为模式来缩短从"良好"到"卓越"的进步时间。在多年追求财富的经历之中，我结识了很多百万富翁，试过无数种有效的提升策略。我从中撷取了四项对建立自我领导力最为有效的原则，以供读者参考。

原则 1：为自己的人生承担百分之百的责任

这是一个令人难以接受却颠扑不破的硬道理：如果你的人生和职业未朝着自己希望的方向发展，那么这完全是你自己的责任。

你能越早接受这个事实，就能越早看清现状，继续前进。这条原则的目的并不是让你为难。成功者的人生鲜有一帆风顺的。实际上，他们之所以能够成功，正是因为对生活的每个方面（个人生活或职业生涯、好或坏、自己的或者别人的）都承担了绝对的、全部的责任。

在失败者们习惯性地浪费时间和精力去诉苦、抱怨、发牢骚的时候，成功者们却忙着为目标的实现创造有利的环境和条件。同样地，平庸的企业家们忙着抱怨经营前景持续惨淡，团队成员错误百出、人浮于事，而成功的企业家们却背负起了百分之百的责任，去寻找正确的经营方向，或者学习能让企业起死回生的必须技能，鼓励员工从头再来。他们的时间都用来做有用的事，根本就没时间去抱怨。

在一场主题报告之中，我曾有幸听到哈尔提出的一个重要论断："当你为自己的人生负起百分之百责任的时刻，就是你向全世界宣告重塑你的人生的时刻。但'负起责任'并不意味着'忍受责难'，这是两个天差地别的概念。'责难'所指向的，必定是犯了错误的人；

而背负起'责任'的，却是一个重承诺的人。这两种情况是完全不同的。其实，谁犯了什么错误这些都不重要。重要的是你就此许下承诺，让事情向有利的境况发展。"

哈尔的说法是对的。如果你能据此将想法和行为加以修正，你会发现你的人生和前景都尽在掌握之中。

当你完全掌控了自己的生活后，就再也没有时间纠结谁对谁错，该去责怪谁的问题了。向别人强加责怪并不难，但你的人生从此再也没有这类的时间可以浪费了。刨根问底、怨天尤人从此不再适合你，因为你会为所有或好或坏的结果承担责任。如果结果是好的，就开怀庆祝；即便是不好的，也能从中吸取教训。不管怎样，你都需要为自己的反应和回复买单。

"承担责任"这个原则的重要之处在于，它会形成一定的示范效应。如果你总是将错误归因于别人，你的团队成员就会有样学样，如法炮制。

这就和教育孩子是一个道理。如果你想让孩子们避短扬长，就必须以身作则。在试图给孩子好的教育的时候一定要记住：他们都在看着你。

对此我的建议是，一定要设法从心理上做出彻底转变：从现在开始，将所有的决定、行动和事态的结果都归因于自己。摒弃"责难"，背起"责任"。就算别人确实有过失之处，先想想你能怎么补救，更重要的是，你在未来需要做些什么，才能有效杜绝这类错误的再现。过去无法更改，所幸现在和未来还在你的掌握之中。

从现在开始，不要再对谁犯错谁负责的问题耿耿于怀。一切由你说了算，你来制订后续计划，决定行为的产出，并为之负起百分之百的责任。

要记住：大权在握、掌控全局的人是你，你将无往而不利。

原则 2：健身优先，快乐运动

在 1 ~ 10 的范围内，你会为自己的健康状况打几分？你健康吗？强壮吗？感觉还好，还是感觉很糟？

一天下来，你的精力水平究竟如何？你会不会有力不从心的情况？每天早上，你能在闹钟响之前起床，完成重要工作，同时理清后续事务，以避免错误发生吗？你还能元气满满、大气不喘地度过一天的时光吗？

在"S.A.V.E.R.S. 人生拯救计划"中，我们以字母 E 代表"运动"。没错，现在我们要再次讨论这个话题了。要知道，健康状况是影响精力等级，甚至成功水平的关键因素，这对企业家们来说尤为重要。和员工不同的是，你的工作时间并不规律，也不是按时间挣薪水，你的收入取决于产品的回报。而成为百万富翁就像是一场体育活动，和其他活动相同，想要成功你需要持之以恒的毅力。

对顶级运动员来说，有三个因素必须优先考虑：饮食、睡眠和运动的质量。在下一个实践"能源工程"中，我们将对上述三个因素逐一进行挖掘。眼下，我们先要确保你能将运动融入每天的生活中。关键就在于，你要寻找到喜欢从事的运动方式。

毋庸置疑，健康的身体、舒畅的情绪和成功的人生绝对存在着关联。你很少能见到身材严重走样的成功人士。事实上，他们大部分人每天都会花半小时到一小时的时间在健身房锻炼身体，因为他们知道每天的锻炼对于成功的人生究竟意味着什么。

虽然"S.A.V.E.R.S. 人生拯救计划"中的 E 环节能保证你每天锻炼 5 ～ 10 分钟，但我强烈建议你将这个时间拉长到 30 分钟甚至 1 小时，且每周坚持 3 ～ 5 天，这样才能保持身体健康，为奔赴成功之路的你提供必需的精力和信心。

如果你能在锻炼身体之余保持心情上的愉悦，那就再好不过了。到大自然中徒步，玩极限飞盘，甚至在电视机前边追剧边骑动感单车（你甚至会忘记自己正在锻炼），都是很好的选择。或者，你可以向哈尔学习。他喜欢冲浪滑水和打篮球，这两项都是锻炼身体的绝佳方式，因此他坚持每个工作日都参与其中一项。本书的后文当中会有哈尔的日程计划，到时候你就会明白，他的健身活动和其他计划的配合是多么天衣无缝。

现在不妨问问自己，你最喜欢哪些体育运动，并且能在每天的锻炼中不断坚持呢？

原则 3：为生活中的一切建立系统

高效的自我管理者会为生活中的一切都设置一套系统，从工作活动（如行程安排、后续跟进、发布订单、发送感谢卡）到个人活动（如睡眠、进餐、理财、私车维护、承担家庭责任等）。这些系统能让生活变得更简单，让你做到心中有数。

以下是几条行之有效的建议，能帮你立刻上手，将你周围的世界系统化。

1. 将家务"自动化"

在我家，牛奶、鸡蛋、面包都是必需品，但每次到商场采买补给实在让我不堪重负。后来，我发现有些商场提供送货服务，就不需要我一次次地出门进行采购了。如果你发现生活中有些事情不能为你带来快乐，那就索性用自动、便捷化的服务来取代它。

我不喜欢清理马桶，也不喜欢洗衣服。因此，我特意雇了专业人员来做这些琐碎的活计。不过随即我也意识到，可能雇用家政人员会让某些家庭的支出超出预算。如果你在佣金方面有所顾虑，不妨尝试着和朋友"交换服务"，或开动脑筋，构思一些新的应对方法。我的一个朋友把"做家务"融合到了"S.A.V.E.R.S. 人生拯救计划"的"锻炼"环节之中，每天早起做一些家务，也算是一件乐事吧。

> 自动化之于时间，等同于复利之于金钱。
>
> ◄ ◄ ◄ MIRACLE MORNING MILLIONAIRES

2. 配置一套可以让你"抬脚就走"的装备

哈尔不仅是一个畅销书作家，也是个顶尖的演说家。他日复一日地奔波在外，与全国乃至全世界的读者分享《早起的奇迹》之中的宝贵经验。对他来说，为每一次旅行打点行装都是耗时且低效的，他经常会将某些必需品遗忘在家中或办公室里。在他第三次忘记携带笔记本电源之后，便不得不去苹果商店花了 99 美元重新购买了一个（真贵）。除此之外，他还不得不向宾馆前台借用手机充电器、剃须刀，或使用上一位房客遗留下来的袖扣以备不时之需。

他觉得自己受够这样的遭遇了，于是他买了一个大旅行包，将所有出行的必需品都塞了进去。现在如果有出行的需要，他可以随时抬腿就走，因为包里有他所需的一切：名片、宣传手册、几本他自己写的书、电源适配器、手机和电脑的充电器等。为了防止受到宾馆隔壁邻居的打扰，他甚至还准备了耳塞。

如果因措手不及造成了诸多困扰，或重要之物频繁地遗失，你就会明白系统化的重要性了。假设你做好了严密的时间规划，打开家门走向汽车，却发现发动机正在冒烟，那你就需要研发一套督促自己早点出门的系统了。

以下这几种方法能帮你提前做好准备，大大节省时间，不至于事到临头手忙脚乱：

◎ 在临睡前，将次日午饭打包好，装在你的手袋、公文包或运动包里，并选好明日要穿的衣服。

◎ 准备好一个装满办公手册、产品目录，他或其他商务材料的包裹。

◎ 打包好一些健康、可以稍长期存放的零食（如苹果、羽衣甘蓝蔬菜片、胡萝卜等）以备不时之需，作为不健康速食的替代品。

换句话说，无论你做什么，都需要一套完备的系统。不成系统的人生将会充满很多不必要的压力！对于百万富翁们来说，形成系统化的生活尤为重要。

3. 制定并坚持执行基本日程表

基本日程表能高度集中你的注意力，同时它也是实现生产力和收入最大化的关键。如果我们花了太多的时间在各个计划之间辗转，那么最后只能心怀疑惑地感慨：时间都去哪儿了？我们究竟取得了什么样的进展，以至眼睁睁地错失掉很多关键的机会？你有过类似这样的经历吗？

我想和你分享几个建议，帮助你做出更具一致性、更满意的回答。你必须建立一个基本日程表，让你的生活更有意向性和计划性。一份合格的基本日程表必须是在事先经过策划决定的，可循环利用的表格。它由时间模块构成，里面涵盖了生活中最优先级的重要事项。虽然大部分人都能理解基本日程表的重要性，但很少有人能做到从一而终，坚持不懈地加以贯彻实施。

我知道，你是个成年人了，很多时候不愿意被既定的框架限制住。但实际上，你越是能善加利用基本日程表（由时长为 1 ~ 3 小时的时间模块搭建而成的），就越能把精力集中于生活和职业最重要的计划和行动之上，最终也就能创造出更多的自由时间以供调配。

不过，这并不意味着你的时间表会变得固定僵化，缺乏灵活性。实际上，我强烈建议你赋予它更高的灵活性。你可以为家庭、娱乐、休闲设置更多的时间模块以供选用。你甚至可以更进一步，设置一些"随心所欲"的模块来放飞自我。这项工作的核心理念，就是将每天、每周的事务进行明晰化和意象化，精确到每一天、每一小时（即便是在"随心所欲"的时段内亦是如此）。至少你为自己的时间做出了精确的规划。只有坚持制定基本日程表的习惯，你才能将个人的生产力发挥到极致，才不会在一天结束的时候发出无奈的喟叹，追问自己究竟把时间浪费在了什么地方。只有将计划细化渗透到每一分钟，你才能做出实际的成绩。

我曾经咨询过哈尔，希望他能将自己一周的基本日程表（见表 3-1）分享出来，让大家一窥究竟。虽然哈尔经营的事业并不繁忙，也无需事前制订细化的日程，但他仍旧表示，坚持制订并遵守基本

表 3-1　哈尔的行程计划表（以小时计）

时　间	星期一	星期二	星期三	星期四	星期五	星期六／星期日
4：00	S.A.V.E.R.S.计划	S.A.V.E.R.S.计划	S.A.V.E.R.S.计划	S.A.V.E.R.S.计划	S.A.V.E.R.S.计划	S.A.V.E.R.S.计划
5：00	书　写	书　写	书　写	书　写	书　写	书　写
6：00	收发邮件	收发邮件	收发邮件	收发邮件	收发邮件	↓
7：00	送孩子上学	送孩子上学	送孩子上学	送孩子上学	送孩子上学	家庭聚会
8：00	工作会议	首要任务	首要任务	首要任务	首要任务	↓
9：00	首要任务	滑水运动	↓	滑水运动	↓	↓
↓	↓	↓	↓	↓	↓	↓
11：00	午　餐	午　餐	午　餐	午　餐	午　餐	↓
12：00	打篮球	优先项	打篮球	优先项	打篮球	↓
13：00	优先项	约　谈	联系客户	约　谈	优先项	↓
14：00	优先项	约　谈	联系客户	约　谈	优先项	↓
15：00	优先项	约　谈	联系客户	约　谈	优先项	↓
16：00	优先项	优先项	优先项	优先项	计划中	↓
17：00	陪家人	陪家人	陪家人	陪家人	约会之夜	↓
↓	↓	↓	↓	↓	↓	↓
22：00	睡　觉	睡　觉	睡　觉	睡　觉	睡　觉	睡　觉

日程，才能将一天的时间利用到极致，从而收获最佳的效果。

需要注意的是，和大多数人相同，哈尔也会遇到一些突发的事件（比如临时安排的活动、演讲或假期等），并对基本日程表做出相应的调整，但这种调整只是暂时的。一旦他回到家，或者返回办公室，就会雷打不动地执行原有的日程。

基本日程表为何如此有效？主要原因之一，就是它在日常的决策过程中，去除了因感情跌宕引起的行为上的起伏。你是否还记得，有多少次是因为约会泡汤而动摇了你的情感状态，导致你无法集中注意力去工作，在随后的一天中你的工作效率大大降低？如果你能严格按照基本日程表去执行行动，维护社交关系，撰写广告词，拨打营销电话，那你将会收获一个充实的下午。你要完全掌控自己的时间，不能随波逐流、任由外部影响破坏既定的日程计划。要尽快设定专属于自己的，并涵盖人生各个方面（甚至于休闲、家庭、娱乐活动在内的）的基本日程表，并坚定地执行。

如果你觉得自己无法坚持，需要额外帮助的话，就将基本日程表发给某个可靠的伙伴或教练，让他督促你完成。坚持执行这一套"系统"，将为你提供必需的力量来完全掌控自己的生活，提高工作效率，收获更好的结果。

原则 4：保持行为一致性

如果这世界上真的存在什么成功的秘诀的话，那一定是：保持一致性。你所渴求的每一个美好的结果（从提升身体机能、扩大生意规模，到获得更多陪同家人的时间）都需要一个持久一致的方法来实现。在下一实践中，我会为你提供保持行为一致性的方法和指导。

从现在开始，你需要做好打持久战的心理准备，因为你所渴望的结果并不会在近期出现。要培养面对拒绝和失望的超强毅力，最卓越的富豪们都拥有着坚持不懈的毅力、毫不动摇的意志和源源不断的执行力。你也需要如此！

不要吝啬对自己的赞美

美国剧作家奥古斯特·威尔森（August Wilson）曾说："直面人生的黑暗，击之以光明和宽恕。敢于与心中恶魔激战的人，终能聆听到天使的歌唱。"你的自尊心会赐予你不断尝试的勇气和相信自己的力量。

为自己感到自豪，这一点是至关重要的。没错，虽然我们要正视自身的缺点并厉行改正，但为自身的长处和力量感到自豪，甚至为自己取得的进步举办一个小小的庆典也是无可厚非的。人生总是充斥着失望、磨难和否定，因此懂得爱自己也是非常重要的。如果你在生活中已经竭尽全力，那就千万不要妄自菲薄。比如我，就会在日志中特意留出一块区域，用来记录对自己的赞美之词。当我需要一些额外鼓励的时候，就会写下这些赞美之词，点亮自己的心情。

源源不断的自信是一把非常有力的武器。你应该清楚，消极负面的情绪并不会给你带来任何好处，那我们就要摒弃它，而且要快！只有摆正心态，才能在面对挑战时不慌不忙，从容应对。保持平和的心态，继续向前。只有当你对自身能力充满信心，并且不懈努力的时候，你的行为才能改变，胜利才会对你招手。

搭配自我肯定和具象化，掌握人生主导权

当你真正培养起自己的自我领导力的时候，才能掌握人生的主导权。它会消除掉你全部的受害者思维，并帮你寻找到真正的价值、信仰和人生愿景。

第一步：对建立自我领导力的四个原则进行回顾，并加以整合。

1. **承担百分之百的责任。**你要记住，只有当你完全承担起各个方面的责任的时候，才是你获取人生变革的强大力量的时候。你的成功百分之百取决于你的选择。

2. **健身优先、快乐锻炼。**如果你仍未将每日的身体锻炼列为你生活中的重要环节，那么必须从现在开始就做出改变。除了在每日清晨锻炼身体之外，你还要每周用 3 ~ 5 天的时间，每天花上半小时至一小时进行补充锻炼。而健康的饮食会为你提供必需的能量补给。这一点我们将在下一实践中详加说明。

3. **建立你的生活系统。**此步骤需要你首先建立一个基本日程表，并识别出生活和工作中的哪些活动可以划分为系统化的时间模块，并经过有效的构建和重组，预先确定你的计划行程，保证你的成功。

最重要的一点，要设置一个相关的系统，确保基本日程得到贯彻和执行。它可以是你的同事、教练，甚至是一个团队。你向他们许下诺言，并要以身作则。

4. 保持一致性。每个人都需要搭建一个框架，来维持行动的一致性，使其符合预期并产生效果。如果你想尝试一些新方法，一定要在坚持一段时间之后再尝试改变或选择放弃。

第二步：通过自我肯定和具象化思维来提升你的自控能力，改善自我形象。一有机会就要抓紧尝试，毕竟我们需要花些时间才能看到结果，越早起步，就能越快见到成效。

到目前为止，我希望你已经明白，个人发展对于获得成功究竟具有多么重要的影响。如果你准备继续阅读这本书（我个人强烈建议最好多读几遍），最好还是标注一下，你需要在哪几个领域进步提升。如果你觉得自己还不够自信，不妨设定好目标，尽快采取行动，着力提升。设计一套自我肯定的流程，它会帮到你的。具象化一个更加自信的自己来提升个人标准。最重要的是，要比以往更爱自己。

如果你觉得无所适从，一定要记住，路是一步步走出来的，集腋成裘，聚沙成塔。世上不存在什么一蹴而就的事。在这里我给你们剧透一下。在下一实践中，我会为你展示如何才能将你的人生维持在最佳状态，让你的身体、精神和情感能量全面增加，时时刻刻维持清醒、专注、高执行力的状态。敬请期待。

瑞安·霍利迪（Ryan Holiday）

《一个媒体推手的自白》（*Trust Me, I'm Lying*）作者
媒体战略家

　　每天早上，我都在 8：00 左右起床。我的生活有一条简单的规则，就是在查看电子邮件之前一定要做好某件事情。这件事可以是淋浴、长跑，或在日志上潦草记下一些思维的碎片，不过我一般都是写作。在大多数早晨，我都会写上一到两个小时（有时也会调整前一天晚上制订好的待办事项），以此来开启一天的生活。

世界属于那些精力旺盛的人。

拉尔夫·瓦尔多·爱默生 (Ralph Waldo Emerson)，"美国文明之父"

实践二 | 能源工程：如何保持精力充沛？

成为百万富翁常常意味着你要凭借自身投入的精力去"决定生死"。无论你运作、投资财富增值的方式究竟如何，你都需要用身体、精神和情感上的活力去填补每一天。

问题在于，自身精力也有短缺枯竭之时。可能就有那么几天（我也知道每个人都会经历那样的几天），你从睡梦中醒来，却丝毫没有动力去面对接下来一天的挑战。

启动孵化、公司成长、创立实业，每一个都是能耗尽体力、脑力的活计。在不确定的情况下维持精力的高度集中，几乎是件不可能完成的任务。

即便是在你状态极佳的日子里，都需要大量的热情、周密的计划和不懈的努力来完成这些任务，更何况在精力短缺的日子。

想变得富有，首先要拥有大量的精力。在这一点上，没有任何捷径可走。即便你有着最好的商业计划、最好的团队和最好的产品，但如果缺乏利用这些成功要素的精力，也没法顺利达成目标。如果你想让财富实现最大化，就必须拥有足够的精力，越多越好，越持久越好。

◎ 精力就是燃料，助你保持清醒的头脑、专注的精神、迅捷的行动，从而每天都能产生令人满意的结果。

◎ 精力具有传染性。它可以通过个人传播到全世界，就像一种正能量的"病毒"随处滋生，表露为饱满的热情和积极反应的症状。

◎ 精力是万物勃发的基础，也是决定成功的重要因素。

那么我们的问题是，如何有计划地安排生活，来保持高水平的身体、精神和情感精力，并将其维持在随取随用的状态？

我们解决这一问题通常需要借助外力，比如咖啡因、糖类或其他刺激物、兴奋剂，但它们的效果并不持久，可能你刚刚处于最需要刺激的时刻，兴奋剂的效果就消失殆尽了。

每当这时，我的脑海里总会准时响起类似广告配音员语气的一句话：没关系，大卫，我们总会有更好的办法！

实际上，还真有。如果你过去一直靠咖啡和决心苦苦支撑，那你确实错过了更好的办法。你需要做的，就是理解精力运转的原理，并通过有效地规划和精力建设来实现它的效用的最大化。

下面我将向你介绍我称之为"能源工程"的一套方法，它将让你获得源源不断的能量保障，在致富之路上保持精力充沛。

"自动充电"系统：为巅峰时刻做好准备

首先你需要了解，我们的目的并不是要维持全速奔跑的状态，因为这样稳定的输出是极度不合实际的。作为人类，我们自然也会经历精力旺盛和亏空的状态。我们要做的，就是寻找自己每天身体精力的巅峰时刻，然后在精力衰退的时段做好休憩、复原和充电工作。

就像绿植需要水分的滋养一般，人类也需要按时补充能量。不管身体保持精力充沛的持久性如何，时间一长，你的头脑、身体和精神都会处于能量匮乏的状态，急需充电。不妨将你的人生当作一个能量的储存器。如果你不能定期护理它，它就会出现漏电的情况。不管你如何充电，也总是充不满。

为了防止这种不堪重负（如精力枯竭、紧张过度）的情况出现，我们为什么不发挥主观能动性，设计一套"自动充电"的系统以备不时之需呢？这样一来，你就能堵上储存器的漏洞，重新集聚所需的能量。

持续性疲劳会对你造成不可挽回的后果，你绝对不能向它低头。即便你是长期处于疲倦、喜怒无常、怠惰、身材走样、一脸愁容的状态，我也能通过几条简单的建议，让你更有计划地进行精力建设，使你的身体、精神和情感处于最佳的状态。

下文中，我将列举出三个帮你维持最佳精力状态的原则，帮助你在渴求能量之时迅速得到身体的响应。这些原则简单易执行，但只有坚持才能有效果。

原则 1：吃好、喝好，身体才有足够的燃料

当谈到如何培养可持续性能量供应的时候，科学饮食绝对在这个问题上扮演着至关重要的角色。如果你和大多数人的选择相同，即口味第一、健康第二（如果健康仍在你的考量范围内的话），我会负责任地告诉你，基于口味的饮食选择可能并不能持续为你提供一天所需的能量。

追求口腹之欲并没有什么过错，但如果你想像运动员一般保持健康的体格，就必须做出调整，比如：健康第一，口味第二。为什么？因为对于食物的选择会对身体能量水平产生最为重要的影响。我想你一定有过这种感受：吃过一顿大餐后就像打过一场大仗一样疲劳（想想你的感恩节晚餐）。而且，当你吃过大餐之后，往往会觉得眼皮发沉，最终会去打个小盹。这种现象被称为"食困"。

精加工食品（如高糖或其他碳水化合物含量的包装食品）在消化过程中会大量消耗能量，甚至比我们从中获取的能量还要多。也就是说，这些"死食"不会帮助我们存储能量，反而会造成消化紊乱，消耗我们的精力，让我们变得食欲不振。相反地，像水果、蔬菜、坚果、菜籽之类的"生食"会让我们保持健康的体格，提升我们的精力水平，滋养我们的身体和大脑，帮助我们时刻处于最佳状态。

我们所摄入的食物，都会给身体带来或好或坏的影响。适量饮水对身体有益，喝两杯龙舌兰则不会为身体加分。多吃水果、蔬菜会为身体健康加分，而驾车通过快食咖啡馆窗口时，购买并狼吞虎咽地吃下一份垃圾食品呢？不好意思，会减分。这并不是关于火箭科学那些难解的问题，但确实是与你身体健康密切相关的选择。希

望你能停止对自己身体的摧残，不要再以"大家都是这样"作为借口自欺欺人了。

如果你还没有做好平衡膳食的准备，最好从现在就开始关注何时饮食，以及为什么饮食这些重要问题，从而能更好地进行精力建设的工作，获得最佳的维持精力的效果。

饮食的策略

现在，你可能正感到疑惑：那么我究竟要在"神奇的早起"流程中吃些什么东西呢？别担心，我马上就要说到这个问题。不仅如此，我们还会探究，为了达到能量的巅峰状态我们需要吃什么，以及为什么吃的问题，这可能是你目前最关注的问题。

何时吃？消化食物是一个耗费能量的过程。食物越是丰富，消化的内容越多，能量耗费也就越明显。我的建议是，你最好能在"神奇的早起"晨间流程结束后再进食。这样一来，你就能将全部能量用于"S.A.V.E.R.S. 人生拯救计划"的各个步骤之上，你体内的血液也会供给到大脑，而非你的肠胃。

不过也会有晨间易饿的人。在动脑之前，有些人习惯先进食少量的健康脂肪。有研究表明，能否有效地保持头脑的敏锐和情绪的平衡，很大程度上与你摄入的脂肪种类相关。"我们的大脑有 60%是由脂肪构成的，其中大部分脂肪需要从饮食中摄入。"医学博士、克利夫兰医学中心健康辅导总监、美国饮食营养协会国家级发言人埃米·贾米森·帕特尼克（Amy Jamieson-Petonic）如是说。

每天早上，哈尔会喝下满满一大杯水。随后，他会摄入一些健康的脂肪，比如一大汤匙的有机椰子油，或掺有中链甘油三酯的有机咖啡。无论是椰子油还是中链甘油三酯，都富含作用于大脑的健康脂肪。

可可豆（巧克力的原料，一种生长在热带地区的豆科植物种子）对于我们的身体大有益处。它蕴含着大量的抗氧化剂（可可豆的氧化自由基吸收能力，即抗氧化能力"简称为 ORAC"在食物界可以排到前 20 名），可以有效地降低血压。

它还有一个重要的且被大家熟知的功用：吃可可豆会让人感到幸福！它富含的苯基乙胺（众所周知的"爱情药"）可以影响我们的感情状态，令我们产生愉悦感，就好像坠入爱河一般。它还可以用作兴奋剂来提神醒脑。换句话说，可可豆算得上是营养学界众人瞩目的大明星。

如果你确定将进食列为清晨起来的第一件事项，那么一定要摄入少量清淡、易消化的食物，如水果或思暮雪（后者可能要多花一分钟来准备）。

为何吃? 让我们再花上一点时间来解释一下，为什么你需要摄入食物。当我们在商店购物或者在饭店下单的时候，你会用什么标准来选择所需的食物？你的选择是完全基于口味，还是食材的质地以及便利性？它们是否有利于健康，有利于精力建设？你对饮食有限定吗？

大多数人会基于口味。从更深层次来讲，他们会以对某种口味食物的情感依恋来做出选择。如果你问其他人"为什么你要吃那份冰激凌？为什么要喝那瓶苏打水？"或者"为什么你要在商店买一份炸鸡带回家？"之类的问题，你得到的回答通常会是"嗯，因为我喜欢吃冰激凌……我喜欢苏打水的味道……我就是想吃炸鸡！"
这些回答都是基于食物口味给人们带来的情绪愉悦感。在这种情况
下，人们并不会考虑食物对自己健康状况和精力水平的影响。

如果你想每天都让自己保持在高效能的巅峰状态（这是我们所
有人的愿望），如果你想让生活方式健康，远离疾病（谁不是呢？），
那你必须要重新审视你摄入食物和做出相关选择的原因了。我不得
不再次重复一遍：从现在开始，我们要把食物对身体造成的结果，
放在对食物口味的考虑之前。食物的口味只是一闪即逝的口舌愉悦
感，健康状况和精力水平却是影响着我们生活状况的重大问题。

但这并不意味着，你必须要吃难吃的食物，来换取健康的身体
和充沛的精力：食物的美妙之处在于，口味和能量是可以兼得的。
但如果你想每天精力充沛，并且长命百岁，就必须将健康和能量供
给列为进食的首选。

吃什么？ 在我们开始讨论"吃什么"之前，最好先花些时间讨
论应该"喝什么"。请大家回忆一下，在早起五步法中，有一条要
求正是"喝上一大杯水"来补充一夜流失的水分。

我们在上文中已经证实，像新鲜水果或蔬菜这样的"生食"能
大幅提高身体的精力水平，维持精神集中和情感健康，使我们身强
体健、远离疾病。为此，哈尔潜心研究，针对初学者特意打造了一
款"神奇的早起"专享超级食品冰沙，其中富含蛋白质（包括所有
的必需氨基酸）、抗衰老抗氧化剂、ω-3 必需脂肪酸（用于提升免
疫力、促进心血管健康和脑力提升）和多种维生素及矿物质。除此
之外，还有一份"超级食物"攻略，包括能迅速改善情绪的可可豆

和可持续提供能量的玛卡（一种原产地安第斯山区的具有超强激素平衡功效的适应原），还有可提升免疫力、抑制食欲的奇亚籽。

"神奇的早起超级食物营养汁"不仅能为你持续提供能量，还非常可口。试用之后你会发现，它能让你在清晨创造更多的奇迹。你可以在 www.TMMBook 上免费下载打印营养汁配方，也可以在《早起的奇迹：那些能够在早晨 8：00 前改变人生的秘密》中获得中文版配方。这样一来，你就可以把菜谱贴在搅拌机上随时查询，而不需要随时翻开这本书。特别是像我这种总是忘记给搅拌机盖盖子的人，各种果泥满屋飞舞的情景会让你一生难忘。

还记得那句老话吗？人如其食。此言非虚。只有照顾好你的身体，身体才会反过来照顾你。

我对于食物的看法已经改观：曾经，我将它们视为一种奖赏、一种款待，或是一种安慰；现在，我将它们视为燃料。我想吃可口、健康、营养的食物，来帮助我完成任务、实现理想。但我在不需要维持最佳精力水平的时段，如夜晚或周末，仍然可以策略性地调整菜单，去重温那些我喜欢，但并不是那么健康的食物。

为了做好食物选择这道难题，我需要格外留意食用特定食物之后的反应。为此，我准备了一个计时器。在我用餐之后，我会设定一个小时的时间，并在一个小时后评估身体的切实感受。很快，我就能区分出哪些食物能给我带来充足的能量供应，而哪些不能。如果我在某一天喝了冰沙，吃了沙拉，在另一天喝了咖啡，吃了鸡肉三明治或比萨，我都能准确地感受到这两天身体能量水平的差距。前者令我精力充沛，而后者会给我的身体造成负担。

为你的身体提供所需的能量，按照你的意愿自由支配，那种感觉究竟如何？这个问题的答案，需要你自己去寻找。你所能做的，就是谨慎地选择食物和饮品，为自己送上一份健康的礼物。如果当你感到饥饿时，你的第一反应仍然是开车到最近的驾车通过窗口购买快餐，那你的确需要着手建立一份崭新的饮食策略了。

你可以思考如下问题：

◎ 我是否能将饮食对身体造成的结果（对健康状况和精力水平的影响）作为吃什么的第一顺序的考量，而不是食物的口味？

◎ 我能否有意识地随身携带饮用水，以免脱水？

◎ 我是否能对日常三餐进行科学规划，彻底告别对健康无益的饮食习惯？

没错，这些你其实都能做到，甚至能做得更多。你可以畅想一下，当你有意识、有目的地去建立良好的饮食习惯之后，你的生活会变得更加美好，你的精力水平会迈上一个台阶。

◎ 你可以保持积极的心理状态和精神状态。较低的精力水平会导致心情低落，但较高的精力水平会催生积极的心理状态、外观形象和精神态度。

◎ 你会变得更加自律。较低的精力水平会耗尽你的意志力，让你更容易去选择做容易的事，而非正确的事，但较高的精力水平则会不断提升你的自律水平。

◎ 你会拥有更长的寿命。

◎ 你能为下属和你爱的人树立一个更好的榜样。我们对待人生和生命的态度是会对周围的人产生潜移默化的影响的。

◎ 你会变得更加健康，获得更好的生活感受，活得更长。

◎ 福利——你可以毫不费力地回归自然体重。

◎ 永远的福利——拥有健康身体的你能更好地经营企业，提升销售额，聘用更出色的团队伙伴，赚更多的钱。

千万不要忘记，在一天之中随时为自己补水。缺水会引发脱水，当体内水分含量低于阈值时，会影响身体的正常机能。即便轻度的脱水也会掏空你的精力，让你倍感疲累。

每天实施早起五步法，你需要在早起的第一时间喝下一大杯水，来开启新的一天。除此之外，我还建议你随身携带一大瓶水，并养成每隔 1 ~ 2 小时就喝下 16 盎司（约 473 毫升）水的好习惯。

如果你是个健忘的人，不妨买个定时器，或在手机上设置个备忘录。当你听到定时提醒的时候，就喝掉瓶里的水并再灌满，以备下一轮的补水。始终维持水瓶处于溢满的状态，以备不时之需。

至于饮食频次的问题，以每 3 ~ 4 小时摄入少量易消化的"生食"为佳。

我的饮食较为规律，一般包括各种形式的蛋白质和蔬菜。为了维持血液中的葡萄糖水平，我会摄入一些"生食"，如水果、坚果，和我最喜欢的零食——羽衣甘蓝片。在高效工作的日子里，我都会安排最有营养的饮食，它们也是我平日最喜欢的口味。

我一直相信，将进食和锻炼结合，反而能赋予我在晚间和周末饮食上的更大自由。我一直相信，只要我能把控住饮食的"度"，少吃多餐，就能随意尝试所有想吃的东西。

最终，你需要记住的只有一个简单的道理：食物就是燃料。

我们必须承认，从一天伊始到结束，只要我们能采用最佳的方式去获取行动的燃料，就能获得足够的能量供给。秉承"健康第一，口味第二"的原则，适当摄入健康脂肪和"生食"等高能量食物，就能做好"精力建设"的第一步。

原则 2：伴着梦想入睡，带着目标醒来

睡得越多，收获越多。恐怕这是你听过的最违反直觉的论断了，但确实是真的。我们的身体在经历了一天的忙碌之后，需要在每晚获得充足的休息来充电。睡眠也在免疫系统、新陈代谢、记忆力、学习能力和其他身体重要功能的正常运作中扮演着重要角色。当身体最需要修复、治疗、休息和成长的时候，如果没有足够的休息作为支撑，就会逐渐垮掉，为健康埋下隐患。

充足睡眠的必要性

不过究竟睡多久才算足够呢？"你能睡多久"和"你需要睡多久"是两个完全不同的问题。加利福尼亚大学旧金山分校的研究人员发现，有些人身体内含有一种神秘的基因，而这些人每天仅需 6 个小时的睡眠。然而，拥有这些基因的个体非常罕见，只占全部人口的 3% 左右。对于我们，也就是其他 97% 的普通人来说，6 个小时

的睡眠是远远不够的。就算你打定主意只睡 5 ~ 6 个小时后早早起床，也并不意味着你在这本该睡觉的一两个小时内能完成多少工作。

不过我在这一原则开头提出的问题仍旧会有些反常识的意味。我甚至都能听见你脑海里怀疑的声音：睡得越多，收获越多？没搞错吧？这怎么行得通？不过充足的睡眠能让身体处于更优的水平，这一点已经得到了充分的证实。你的工作不仅会变得更为高效、迅速，你的心态也会有很大的改善。

虽然每晚睡眠的时间因人而异，但研究显示，正常成人平均每天需要 7 ~ 8 小时的睡眠来补充精力，才能满足日间全部工作的需要。

和大多数人相同，一直以来我都习惯于将睡眠维持在 8 ~ 10 小时。实际上这个时间也会有上下的浮动。感受你在一天之内的活动效果，才是评估睡眠是否达到需求的最佳标准。如果你的睡眠充足，就会一整天都充满活力、思维敏锐。如果睡眠不足，你可能就会在中午或下午遍寻咖啡、糖果，充作兴奋剂吧。

如果你的身体和常人无异，当你睡眠不足的时候，就会精神难以集中、思维混沌、丢三落四，还可能会将生活和工作上的低效归因于过满的日程表。也就是说，你损失的睡眠越多，精神不振的症状也就越明显。

另外，休息和放松的匮乏还会对情绪造成极大的负面影响。要知道，公司可不是收容你负面情绪的垃圾站！科学研究证明，当一个人夜晚休息不足的时候，他的性格会受到很大影响，通常表现为暴躁、没耐心、易与人发生冲突等。也就是说，当休息不足的时候，你就成了同事身边的一颗核弹，不仅伤人，更易伤己。

大多数成年人都习惯于用夜间时段来填补白天的工作漏洞。当你为了及时交任务而焚膏继晷之时，往往会把最为关键的睡眠扔到一边。不幸的是，缺乏睡眠的身体往往不堪重负，从而给病菌、病毒以攻陷健康防线的可乘之机。人在缺乏睡眠的时候，免疫系统功能会受到限制，变得不堪一击，最终会导致病痛乘虚而入，而你则会请上几天甚至几周的病假，反而对职业的发展不利。

相反地，如果你能获得充足的睡眠，身体就能正常运转，这样你也开心，免疫系统也健全如故。如此，你的销售额也会蒸蒸日上，人际交往也会更加活络。将良好的睡眠当成你身体内部的一块磁铁，一旦你按照"S.A.V.E.R.S. 人生拯救计划"获得了充足的休息和饱满的情绪，就能吸引更多的生意。毕竟快乐的企业家更容易变得富有。

睡眠能带来的真正益处

你可能并没有意识到睡眠的力量。当你快乐地在梦中徜徉时，睡眠仍旧代表你维持着辛勤的工作，为你带来意想不到的收获和益处。

睡眠会改善你的记忆力。虽然你休息了，但你的大脑没有。睡眠能助你清除掉白天脑功能所产生的有毒的、有损害性的副产品，提升记忆力，并通过一个"巩固"的流程反复演练你在白天所学习到的技艺。

"无论是学习身体上的技能，还是精神上的知识，都需要经过一定程度的演练。"睡眠专家戴维·拉波波特（David Rapoport）博士如是说，"在睡眠之中经历的一系列过程会让你学得更好"。

换句话说，如果学习什么新技能，无论是学西班牙语、网球挥拍动作，还是新产品的使用说明，在经历了充分的睡眠之后，你都能获得更好的学习效果。

睡眠能助你长寿。但睡得太多或太少都与较短的寿命有关，至今我们也不清楚，它是否是决定寿命长短的因素。2010 年的一项研究对年龄在 50 ~ 79 岁的女性进行了调查，发现睡眠低于 5 小时和高于 6.5 小时的人群死亡率最高。因此，维持正确的睡眠时间确实对长寿有一定的积极意义。

睡眠会激发创造力。在进行绘画创作和文章写作之前，你最好能好好地睡上一觉。在巩固记忆力之余，大脑会对其进行重组和重建，从而使你的创造力更上一个台阶。

哈佛大学和波士顿学院的学者联合研究发现，人类会在睡眠过程中对记忆中的情感因子进行强化，从而刺激创造力的上升。

睡眠能帮你保持健康的体重。如果你目前正处于超重的状态，你和拥有健康体重人群的精力水平肯定是存在差异的。你必须改善自己的生活方式，参与更多的体育锻炼、健康饮食，还要制定规律的睡眠时间，早点上床睡觉。更多的锻炼亦需要更多的休息时间去抵消身体上的疲累。

好消息是，芝加哥大学的研究人员发现，与睡眠不足的减肥人员相比，休息充分的节食者能减掉更多的体重（约多出 56%）。而且当睡眠不足时，节食者更容易感到饥饿。睡眠和新陈代谢都是由大脑内部同一区域来控制的。在你入睡之后，特定种类的激素（能够促进消化的激素）在血液中的含量会上升。

睡眠能减轻压力。在涉及身体健康问题的时候，睡眠和压力总是唇齿相依，因为两者都是影响心血管健康的因素。良好的睡眠可以降低压力水平，从而改善血压问题。而且睡眠会影响胆固醇水平，而后者在心脏疾病中扮演着相当重要的角色。

睡眠可帮助避免错误和事故。美国国家公路交通安全管理局在 2009 年发布的报告中显示，疲劳驾驶导致的致死类交通事故所占据的比例最高，甚至超过了酒后驾车！

睡眠不足是大多数人忽视的一个重要问题，但它对社会造成的影响是巨大的。缺乏睡眠会影响人类反应的时间和做出的决策。一个晚上的睡眠不足对驾驶造成的安全隐患堪比酒后驾车。你不妨想想，如果让你来全盘掌控某个公司，睡眠不足造成的影响会有多可怕。

如果你想维持最佳的工作状态，或者至少获得更好的减肥效果，那你必须确保自己能坚持获取充足有效的休息。晚上的充足睡眠，正是在白天获得清明头脑、持续能量和巅峰表现的不二法门。可能你早就知道自己所需的最佳睡眠时间，可能你正试图优化自己的睡眠。但你要记住，更重要的一点：早晨你究竟要如何起床。

打个盹儿你就输了：与其赖床不如早起改变人生

有这么一句谚语：打个盹儿你就输了。一般我们将其理解为"一不留神就会被人抢先"的意思，其实它的含义不只如此。当你按下闹钟的静音键，准备继续赖个床直到不得不起床时，也就是不得不去往某地、做某事或照顾某人的时候，你的这一天其实是以抗拒心理开始的。每次你按下静音键的时候，你都是在用行动去抗拒即将到来的一天，抗拒你的一生，抗拒你早早起床去创造人生的这个念头。

根据亚利桑那州普雷斯科特瓦利和弗拉格斯塔夫市睡眠障碍研究中心的主任医师罗伯特·S. 罗森堡（Robert S. Rosenberg）所说，"当你多次按下止闹按钮的时候，你其实是在对自己行使两种消极的行为。首先，你将极为短暂的睡眠时间再次打碎，让它的效果变得更差；其次，你将自己拖进了一个新的睡眠循环，但你又没有足够的时间去完成这个循环。这会在你之后的一天中持续造成头晕目眩的后果"。另一方面，如果你每天早上能带着热情和目标醒来，那就已经成了极小部分高成就者的一员。最重要的是，你会感到幸福和满足。通过改变早晨起床的方式，就可以改变人生的方方面面。

如果觉得我口说无凭，那不妨试着相信这些人：奥普拉·温弗瑞、托尼·罗宾斯、比尔·盖茨（Bill Gates）、霍华德·舒尔茨、迪派克·乔布拉（Deepak Chopra）、韦恩·戴尔（Wayne Dyer）、托马斯·杰斐逊（Thomas Jefferson）、本杰明·富兰克林（Benjamin Franklin）、阿尔伯特·爱因斯坦（Albert Einstein）、亚里士多德（Aristotle）等，不胜枚举。

似乎从来没有人教育过我们要带着渴望和热情早起，不过相信我，如果你真的这样做，你的人生就会改变。

如果你仍然选择赖床，直到不得不起身上班、上学、照顾家人，然后瘫坐在电视前直到临睡时间（这曾是我每天不变的日常安排），那么我必须问你以下几个问题：你究竟准备什么时候将自己锻造成一个健康、富有、幸福、成功、自由的人？你准备什么时候摆脱那个习惯逃离现实的自己，真正地度过有意义的一生？你是否想把你的人生塑造成你渴望的状态？

如果你仍未做好准备，一定要从现在开始实践前文中提到的"早起五步法"，这样就可以从容取胜。如果你没法保证每晚准时休息，就设定一个"就寝闹钟"，在理想的入睡时间前的一个小时准时鸣响，催促你尽快上床。

> 似乎从来没有人教育过我们要带着渴望和热情早起，不过相信我，如果你真的这样做，你的人生就会改变。

◀ ◀ ◀ MIRACLE MORNING MILLIONAIRES

如果你想成为自己理想中的人物，或过上你所渴望的生活，那么择日不如撞日，不妨从今天就开始转变。你手中的这本书，正是帮助你蜕变为充满魅力、创意勃发、坚持不懈的成功人士的黄金宝典。

我们究竟需要睡多久？

如果你去向专业人士请教"究竟我们需要多少睡眠时间"这个问题的话，得到的答案多半会是：因人而异。根据个人的年龄、性别、压力程度、健康状况、锻炼和饮食情况的不同（甚至包括你上一次用餐的时间等数不胜数的因素），每个人所需的睡眠时间也是有区别的。

举例来说，如果你对快餐、加工食品、过量糖类食品情有独钟的话，那么你将很难从睡眠中获得能量，因为你的身体要花上一夜的时间去过滤、消除掉你所摄入的有害物质。相反，如果你注重饮食健康，只摄入我们在上一节提到的易消化的"生食"，那么你的身体将能轻易得到充足的能量补充。保持健康饮食习惯的人更容易在起床后感到神清气爽、精力充沛，即便睡眠时间不长，依旧能展现出最佳的工作状态。

除此之外，你需要留意的另一个问题是：睡得太久也对身体有害。根据美国国家睡眠基金会的一些研究，过长的睡眠时间（9 小时或以上）会提高部分疾病的发病率，甚至降低人类寿命（导致死亡）。研究还表明，过长的睡眠时间和抑郁症的罹患概率也呈现出正相关的关系。

鉴于无数的研究和专家们提出的实证分析，以及睡眠时间因人而异的事实，我暂不准备向大家过多地提供睡眠方面的建议。不过，我会向大家分享基于个人经历试验和对历史上伟人睡眠模式分析归纳后得到的研究成果。不过我需要先警告你，这些成果还有待商榷，大家看看就好。

积极自我暗示：在睡醒时活力四射

通过对自己不同的睡眠时间长度进行试验，以及对其他"神奇的早起"实践者进行研究，哈尔发现，睡眠对于生物体征的影响，主要是基于我们对于"需要多少睡眠时间"这个问题的主观臆断，而不是现实世界的具体时间。换句话说，我们在起床后的感觉如何（当然这个感觉是千差万别的），不仅仅取决于我们究竟睡了几个钟头，还在很大程度上取决于我们对于睡眠时间的感受。

举例来说，假如我们相信自己必须要睡 8 个小时才能保证充足的睡眠，如果我们在午夜入睡，又不得不在早晨 6 : 00 准时起床，就好像在告诫自己："我的天，我今晚只能睡 6 个小时了，但我得睡足 8 小时才行。明早肯定会困得要死。"然后，当早晨闹钟响起，你睁开双眼，意识到自己不得不起床的时候，会发生什么呢？你冒出的第一个想法又会是什么呢？就是你睡前在脑海中反复出现的那句话："我的天，我今晚只能睡 6 个小时了。明早肯定会困得要死。"

这简直就是一个自己把自己逼进死路的自证预言。也就是说，如果我提前告诉自己明早你会感到疲劳，你明早便真的会感到疲劳。如果你相信自己必须要有 8 小时的睡眠才能缓解疲劳，当你的睡眠时间真的低于 8 小时时，你就会感到身心俱疲。但如果你将自己的主观臆断加以改变呢？

思维和身体间的联系是非常强大的。我一直坚信，我们需要为自己人生中的各个方面负责，所谓的"各个方面"自然也就包括为自己提供一个精力充沛的早晨。

那么，我们究竟需要多长的睡眠时间呢？这个问题的答案由你来告诉我。

如果你饱受失眠、易困等问题的困扰，我强烈推荐你看看 W. 克里斯·温特（W. Chris Winter, MD）的书《睡眠进化》（*The Sleep Solution:Why Your Sleep Is Broken and How to Fix It*），在睡眠这个议题上，我还没见过哪本书比它写得更好。

原则 3：适时停下脚步，给自己简单实在的"休息"

我们都认为，睡眠的同义词是休息。有些人也会将这两个词混用，但实际上它们是不同的。你可能会花 8 小时来睡觉，但要是把其余的全部时间都用来工作，可能 8 小时的睡眠也不足以恢复你在身体、心理和情感上的消耗。当你工作了一整天，马不停蹄地完成了一个又一个的任务，狼吞虎咽地吃下晚餐，很晚才上床睡觉，你会发现在这一天之中，你忽视了一个重要的环节——休息。

同样地，当你带着孩子去踢足球、玩排球或打篮球，去看橄榄球比赛，去教堂唱圣歌，又参加了几场生日派对，度过了一个充实的周末之后，你会发现，这个周末对你弊大于利。虽然你参加了不少很棒的活动，但它们凑到一起，就会完全挤压掉你本来可以休息、充电的时间。

我们所处的文化环境告诉我们，当我们的一天过得充实而有趣的时候，人生就会变得更宝贵、更重要。但实际上，当我们收获内心平静之时，也会获得"不虚此生"的满足感。我们每个人都在努力平衡着自己的人生，适者生存的现代社会要求我们精于应酬、快速高效，但也会将我们折磨得心力交瘁。

如果我们能暂时停下脚步，享受宁静的时光，探究神圣的空间，感怀有日的的沉默，会变得怎样？会不会由此改善你的生活，优化你的身体和情感状况，让你获得事业上的成功？

在事务缠身的时候，抽出时间来休息，听上去似乎有些不可思议，但适时的休息确实是高效工作的推进器。

研究证明，适时的休息能有效缓解压力。像瑜伽、冥想等活动能够减缓心率，降低血压和氧气消耗，缓解过度紧张、关节炎、失眠、抑郁、不育、癌症和焦虑等疾病的症状一样，当你放慢脚步，追求宁静的时候，就能感受到内心深处的智慧、知识和超然物外的心声。通过休息和放松，你就会和周遭的世界重新建立起联系，将一种更为舒适、满足的心情引入到生活之中。

为了进一步打消你的疑虑，我可以很负责任地告诉你，充分的休息能让你在工作上变得更加高效，对待亲友（以及同事、员工和客户等）时更为和善。总而言之，会让你更加快乐。就像是让耕作不辍的田地暂时休养生息一般，我们的身体也需要充电。而充电的最好方式，就是简单实在的"休息"。

简易休息法

很多人会把"休息"和"娱乐"两个概念搞混。我们为了"休息"，会选择诸如徒步、园艺、健身，甚至开派对等方式。但这些方式只是让你远离工作，虽然可以被称作"休闲"，但实际上并不能与真正意义的"休息"等同。

休息，可以定义为清醒状态下的睡眠，只不过作为当事人的你却始终处于警醒的状态罢了。休息是通往睡眠的桥梁，毕竟这两者实现的方式基本一致：只需要找到合适的时间和空间，它就会自然而然地发生。我们身上的每一个器官都需要休息，作为整体的你更不能例外。只工作，不休息，最终身体会遭受不可逆转的损害。在下文中，我将列举几个简单的方法，让你获得足够的休息。

◎ 如果你在每天早晨"人生拯救计划"的流程中花 5 分钟

的时间进行冥想或静坐，以此作为开始，就能收获非常完美的体验。

◎ 你可以专门利用周日（如果你在周日也需要工作，就选择其他日子）来休息。在这段时间内，你可以独处、阅读、看电影，或者和家人一起协力完成某件事，如烹饪、陪孩子玩游戏，来享受家人的陪伴。

◎ 开车的时候保持安静，关闭收音机和耳机。

◎ 外出散步，但不要戴耳机。即便是漫无目的地在大自然中散散步，燃烧卡路里也好。

◎ 关掉电视。每天留出半小时、一小时，甚至半天时间来保持安静的状态。做深呼吸，将精神集中于吸气、呼气，或者呼吸的间隔等。

◎ 喝一杯咖啡或茶，读一些激励人心的文字，将其记录到日志中。洗个热水澡。

◎ 参加一些静修活动。随意选择同伴，如工作的团队成员、朋友、教友，或你参与的其他社团的人、家人、配偶，或者只有你自己。

其实，打个小盹儿也是休息的绝佳方式。如果我在一天中因各种原因感到精疲力竭，而且还有几个小时的工作横在眼前，我一般会定个闹钟，小睡 20 ~ 30 分钟。打盹儿也可以帮助你形成良好的睡眠习惯。

专门设置固定的休息时间是非常有帮助的。即便再忙，也要为自己安排一段专属的休息时间。作息规律对自己更有益。

将各种休息技能融入生活习惯

作为一名企业家，你不得不在夹缝中求生存。在你为日常事务设定时间表的同时，也需要为休息和自我护理安排好足够的时间。最终，你节省下来的精力会在未来的某个时间给你带来回报。

懂得休息并不是一项只能从学校中获取的技能，但它也并非是一种与生俱来的天赋。毕竟，你是一名每日奔波劳碌、无暇他顾的企业家。不过越是这样，你就越应该把休息作为生活的重中之重。为此，你需要学习各种有效的休息技能，并将其应用到日常生活中，来获得身体、心理和精神上的深度放松。像午间冥想、瑜伽、静思等方式都是实现有效休息的有力方式。若你能每日加以练习，日后必将取得非常可观的效果。

将休息和静思融入你的日常生活，这个过程非常必要。融合得越充分越完全，你的收获也就越大。可能你在较为平静的时段并不需要非常充分的休息，但当紧张时段（如与大宗客户会面或一件重要事情的截止日期临近）来袭之时，你必须要为自己节省出更多的时间来休息。

如果你能将身体锻炼、健康饮食和规律睡眠三个元素进行整合，就肯定能在事业上寻找到正确的方向。要记住，在你试图将这三种实践融入日常生活的同时，肯定要经历一段不适应期。你的大脑和身体都会对此有一定的抵触。这时候，你一定要坚定信念，千万不要落荒而逃。

现在，你拥有了源源不断的能量保障

第一步：秉承"健康第一，口味第二"的原则来摄入饮食。每天清晨起床后，先喝下一大杯水，随后进食一些健康脂肪，为大脑补充能量。试着将"生食"整合到一日三餐中。零食方面，要用羽衣甘蓝蔬菜片和新鲜的有机水果来代替薯片类的垃圾食品。随身携带一大瓶水，随时补充水分。

第二步：为每天的就寝和起床时间定下规矩。根据"神奇的早起"晨间流程的时间来反推就寝的时间，保证自己获得充分的休息。你可以花几个星期来适应固定的就寝时间。如果你很健忘，设定一个"就寝闹钟"，在你规定的就寝时间前一小时之内反复提醒，催促自己按时上床。在熟悉了几个星期之后，你就可以根据起床后的精力水平来自行制定完美的睡眠时间了。

第三步：设定固定的时间来休息和充电。可以采取冥想、打盹儿、散步或其他任何形式来进行。

哈尔每天中午都会花上两小时来打篮球或玩水上滑板，这两项运动是他的挚爱，同时也能帮他重新获取能量。你不妨问问自己，哪一项活动能让你最大限度地放松自己？在每日"神奇的早起"流程之外，你还需要额外设定一个时段，专门用于休息和充电。

当你完成了所有的准备工作后，就已经获得了一整套的计划，它能将你的身体和精神完全引导到你所渴望的目标之上。

蒂姆·费里斯（Tim Ferriss）

著名畅销书作家、企业家、投资人
"每周工作 4 小时"观念的首创者和成功实践者

　　蒂姆每天起床之后，都要进行 10 ~ 20 分钟的冥想，随后花点时间锻炼身体，再花 5 ~ 10 分钟时间写写日志。

真正成功的勇士其实只是一般人，但他具有激光般的专注力。

李小龙，世界著名武术家、演员

实践三 | 激光般的专注力：
实现常人无法实现的目标

我们都遇到过那个人，你知道的那个人。那个能跑下全程马拉松的人；那个棒球技术高超，甚至能在少年棒球联合会当教练的人，那个在她儿子学校的午餐计划中充当志愿者的人，甚至她还写过一本小说。除此之外，她还是个成功的企业家，她能承受千斤重担，赢得嘉奖和赞许，还能在每年的商战中赢得满堂彩。我猜你肯定遇到过这样的人，这样高效、富有创造力的人，她优秀得令人难以置信。

或者，你也许会认识这样的人：他经营着上千万资产的企业，但似乎不用费什么心神；他总是在湖畔打高尔夫，哪怕是工作日也照玩不误；每次和他见面的时候，他要么会聊起最近刚刚结束的度假，要么就在聊下一次准备去哪里度假；他拥有着健美的体魄，总是笑容满面，让每一个和他相遇的人都如沐春风。

可能以上两种人你都认识，但你永远猜不到他们是如何达成今天的成就的。你可能会觉得，他们只是运气好，或者有天赋，或者人脉广，个性好，抑或者生下来就有着某种超能力。

虽然上述的几点特征都是百万富翁们共有的，但我从与他们接触的经历中了解到，隐藏在他们高效、富有创造力的形象背后的共同特征，就是毫不动摇的意念。这是一种极为重要的能力，它能帮助你始终认清最高优先级的任务，激发你所需的全部能量（无论境况如何，你的感受如何），并将其完全倾注于你的目标之上。这项能力是促使你成功的关键。

专注，就像我们在"第四课"：杠杆原理中提到的"优先排序"原则一样，是对时间的另一种倍化方式。当你能够灵活运用"专注"这项能力时，虽然你不会变成超人，但你仍能实现常人无法实现的目标。其实原因非常简单：

专注会让你做有效的事

有效并不意味着你做得多，或做得快，而是要不偏不倚地做正确的事，对准人生的目标，并将精力投入其中。

专注会让你变得高效

高效意味着利用最少的资源，如时间、精力或金钱来完成更多的任务。每当你的思绪从目标上漂离，你都会浪费掉一定的资源，尤其是时间。在追逐目标的过程中，时间是最稀缺的资源。你每走神一次，时间就会扣减一次。

专注会让你从"穷忙"变为"高产"

你要记住，忙碌并不意味着你是富有成效的。实际上，经济状况越是窘迫的人，就越是忙碌。我们经常会将时间花在低产出的活动上，像查看电子邮件、洗车、每个月整理二十多次待办事项表等。当你产生了清晰的认识，辨识出最高优先度的工作，并按部就班地行使倍化活动的时候，你就会从"穷忙"的状态一跃进入"高产"的崭新境界。

下文中我们将就如何维持专注进行探讨。如果你能采用文中建议步骤，就能打造出专注的习惯，并跻身世界"高效能"人才之列。如果你能将各个步骤综合利用，还能收获更多。可能专注最大的功效，就是将你平摊在诸多领域、只能获得平庸收获的精力聚集起来，从而释放前所未有的潜能，取得人生的进步。

迎接专注四步法：大幅度提升你的"神奇的早起"

现在，让我们一起来看看你的"神奇的早起"流程。我们需要把以下四个步骤糅合于其中，帮你收获一个专注的早晨。

1. 寻找激发专注力的最有利环境

首先，你需要寻找一个能够激发专注力的场所。这个场所可以是你家的客卧，也可以是后院。哪怕环境简陋，你也要找到一个令自己精神专注的环境。如果你的工作材料散落得到处都是，你可能很难高效地工作。而最大的原因在于：一旦有了固定的场所，就很容易养成专注的习惯。如果你把一张桌子作为工作用的办公桌，那么可能在你坐下的瞬间就能进入工作状态。如果你经常出差，那么

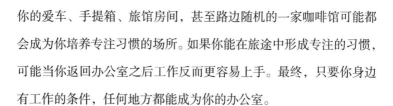

你的爱车、手提箱、旅馆房间，甚至路边随机的一家咖啡馆可能都会成为你培养专注习惯的场所。如果你能在旅途中形成专注的习惯，可能当你返回办公室之后工作反而更容易上手。最终，只要你身边有工作的条件，任何地方都能成为你的办公室。

2. 清除杂乱的困扰

杂乱，可以称得上是专注的天敌，也是我们下一步要清除的重点目标。近藤麻理惠（Marie Kondo）的《怦然心动的人生整理魔法》（*The Life-Changing Magic of Tidying Up*）之所以能如此畅销，可以说正是得益于人们对于"杂乱"的关注。清除身体和心理的杂乱会帮我们还原平静、积极的心态。

杂乱分为两种，物质上的和心理上的，而我们每个人都会受到它们的双重困扰。我们的脑海中总是遍布着各式各样的想法，如：我妹妹的生日快到了，我得尽快为她买礼物和贺卡；我昨天晚上吃了一顿很棒的晚餐，我需要给主办人发一张感谢卡；今天在离开办公室之前我需要给新客户发邮件。

与此同时，我们所处的物质环境也会在不知不觉中变得杂乱：废纸堆、旧杂志、便利贴、废弃的衣物、车库里的垃圾杂物等，更不用说像小饰物、小摆设、小硬币这样琐碎的小物件了。

不论哪种杂乱，都会在我们眼前形成相同程度的"迷雾"，为了保持专注，我们必须拨开迷雾，将头脑中的废料悉数清除，停止给自己施加心理压力。最后，将围绕在身边的杂乱物质丢进垃圾桶。

下文中，我将列举几个办法，帮你清除眼前的迷雾，维持精神的专注。

建立一份待办事项清单。你可能在脑海中装载了太多没来得及写下来的信息，那我们不妨就从这里着手。之前我们可能会把这些信息记录在便利贴上，然后贴在办公桌上、电脑屏幕上、计划簿上、工作台上或冰箱上（还有其他我没提到的地方吗？）。而现在我们需要建立一份待办事项清单，用纸质日志或手机软件均可，把所有的行动或事项列在上面，将它放在显眼的位置，这样一来，我们就不需要在大脑中储存海量的无用信息了。现在感觉好些了吗？很好，这只是个开始，让我们继续。

净化工作区域。首先，选择半天（或一天）的时间认真翻阅所有的废纸堆、文件夹以及还未拆封的邮件，把所有无用的文件都扔进垃圾箱或碎纸机，将有用的文件归档分类或扫入电脑，需要额外留意的文档就登记在日志中，安排时间将未完成的工作集中消灭。

清理人生中的杂乱之物。如果时间允许、条件允许，最好能整理每一个抽屉、衣柜、橱柜或其他会让你产生杂乱之感的空间，甚至包括你爱车的内部和后备箱，这项工作可能会花上几个小时，甚至几天的时间。每天设置短时间的清理任务，直到将所有事项都清理完。像"我只需要一个周末就完全足够"这种话，就是一个不负责任的说法。如果你仍难觅章法，不妨读一下 S. J. 斯科特（S. J. Scott）和巴里·达文波特（Barrie Davenport）合著的《极简思维》（*10-Minute Declutter: The Stress-Free Habit for Simplifying Your Home*）来寻求建议和帮助。

当你完成物质和心理上的清理工作之后，你会发现你的专注力将提升到一个前所未有的层次，让你完全专注于重要的事项。

3. 规避干扰

除了经营企业之外，我还写了这本书，并且已经拥有了美满的婚姻和可爱的孩子。如你所想，时间对我来说非常重要，相信对你来说也是一样。

为了有效避免干扰，始终将注意力集中于手头的工作，我经常把手机设置为免打扰模式，这样就能屏蔽掉来电、短信及其他诸如电子邮件和社交软文推送等其他信息。虽然这只是小小的一步操作，却能有效地提升我的工作效率和专注力。我建议你根据自己的日程安排先设置一个时段，在此期间完全屏蔽任何来电和消息，事后再逐一查看并回复。

你可以将相同的方法应用到其他类型的消息上，如通知、闹钟、社交软件更新等，来有效规避来自同事、员工甚至客户的无用交互。不过这项工作不仅仅需要在你的手机上设定，更要通知你的团队你需要独处的时间，以及恢复联系的时间。

4. 坚定专注的领域

当你识别出你需要专注的领域，并开始着手清除杂乱事务时，你就应该能体会到"拨开迷雾见月明"的感觉了。

现在你需要向下一个阶段迈进。我向自己提出了三个问题，以提升自己的专注力水平。

◎ 哪些事是我应该坚持做的（或做得更多的）？

◎ 哪些事是我应该开始启动的？

◎ 哪些事是我应该立即停止的？

如果你能找到这三个问题的答案，就会进入一个曾经无法企及的崭新的领域。现在就让我们逐一审视这些问题，寻找答案。

哪些事是我应该坚持做的（或做得更多的）？

我们不得不承认，所谓的战略和策略是不同的。有些战略确实要比其他的更好用，而有些战略的作用只是暂时的，有些则会让事态变得更糟糕。

可能你目前正在从事大量战略性的活动，在你阅读这段文字的时候，会频频点头。如果你确信有些事情你做得很好，效果很明显，就应该把它们记录下来。可能你已经在尝试"勿扰模式"了，或正在积极地健身，那你不妨将这些活动记录在活动清单的"奏效"一栏下面。

时刻确保你能为成功实现目标而做出正确的选择，时刻确保你所从事的活动能为后期的成功添砖加瓦。把它想象成一个"二八法则"：80% 的成功源于 20% 的努力。那么你所从事的活动中，究竟哪部分才是那 20% 的努力呢？坚持从事你喜欢的活动是很简单的，但实际上，你需要坚持做正确的事情，才能将付出的努力全部转化为银行账户上的数字。

在实践三的最后，你将有机会把所有有效的活动列入日志中，我希望，你能将这些活动运用到"S.A.V.E.R.S. 人生拯救计划"之中。你要坚持对这些活动加以实践，直至找到更加有效的活动替代为止。

对于清单上的每一项活动，你除了要坚持实施，还要确保竭尽全力去完成更多。这也就意味着，你目前所做的还远远不够。如果一项活动做得再多也不能让你向成功的目标前进分毫，就要毫不犹豫地将这项活动从清单上删掉。兼顾所有的项目并不是我们的目的，这只会降低效率，将我们的专注力从重要的事项上转移。

找准需要持续努力去做的事情，根据你的目标确定努力的程度。

哪些事是我应该开始启动的？

一旦你确定了努力的方向，并为此去做一些事情的时候，就需要进行下一步，寻找能助你更快实现成功的事项，并着手去做。

我这里有一些行之有效的建议，可以帮助你更好地开展工作。

◎ 采取"第三课：确定你的'飞行计划'"中的方法，来重温你的目标和计划。

◎ 以日和周为时间单位，对你自己的财务状况、个人财富和商业活动等，有一个全面的了解。

◎ 定期锻炼。

◎ 多吃有利于精力充沛和身体健康的食物。

◎ 根据"始终保持精力充沛"章节中的方法，建立良好的睡眠习惯和休息习惯。

◎ 梳理一下，还有哪些能直接提高你的收入水平和营业利润的事是你没有做过的。

◎ 开始计划你的第一次或下一次招聘。招聘的岗位可以是你的私人助理、遥距助理或实习生。你要记住，通过聘请他人来释放自己的双手其实是一项投资，而不是单纯的支出。

◎ 建立一份基本日程表，由时间模块组合而成的，可以反复使用的理想化周度日程表。

我一再强调，不要让自己感到积重难返。要记住，罗马不是在一天之内建成的。你不用急于在今天就梳理出一份包含 58 项活动的列表，在明天慌忙执行。

"人生拯救计划"中，"写作"环节的美妙之处就在于，你能将随时迸发的灵感记录下来。一次记录下一两条，随后躬身实践，直到它们成为帮助你成功的好习惯。哪怕是细微的进步，堆积起来也能收获很大的成功。

哪些事是我应该立即停止的?

到目前为止，我们应该已经将不少项目添加到清单之中了。如果你之前对我们是否能拥有充足的时间存疑的话，这一步骤应该是你期待已久的。下面，我们将把手头上无效的活动全部停掉，为其他更有建设性的活动腾出空间。

我敢肯定，有这么几项任务是你迫不及待想要停止，推给他人，甚至想完全放弃的。比如：

◎ 进食一些不健康、损耗精力的食物。

◎ 做无关紧要的家务活。

◎ 及时回复没有意义的短消息和电子邮件。

◎ 接电话（如果时间仓促，不如让语音信箱来代劳）。

◎ 浏览社交网站，发布新鲜事。

◎ 一天看几个小时的电视。

◎ 对碌碌无为的自己感到自责和担忧。

◎ 重复着索然无味的工作，如交账单、每周到杂货店购物、
整理房间等。

既然你觉得这些活动都是无意义的，为什么不叫停呢？

或者，如果你想通过一步操作来提升专注力，不妨试一下：暂停一切回复电子产品的行为。每次收到短信、电子邮件和社交软件推送的时候，你都要因为铃声或振动而放下手中的工作，去忙不迭地回复吗？我不这么认为。现在，进入你手机和电脑的"设置"界面，把所有的消息提醒功能全部关闭。

科技是为我们提供便利服务而生的，我要教你的，就是从此时此刻夺回你的主动权。多久查看一次短信、邮件完全取决于你。让我们面对现实吧，没有及时回电话、短信或邮件会造成什么生死攸关的后果吗？除了我们的爱人和孩子，还有什么人能让我们为他 24 小时开机呢？

事实上，大多数智能手机都可以事先设置特定联系人（如家庭成员等）而忽视其他来电。因此，你可以先在日程表内查看今日的

216

工作事宜，分辨出哪些是必须完成的，哪些是可以被遗忘、忽略，甚至被删除的。

以不可动摇的专注力要求自己，你会发现你就是奇迹！

专注力就像是肌肉，需要长年累月地锻炼才能产生，它能为财富的积累带来直接影响。我所熟稔的百万富翁们都在持续锻炼专注力，他们不仅自发锻炼，还聘请相关人员来帮助他们维持专注，控制专注力的聚散。

和肌肉一样，我们不仅要拥有强大的专注力，还需要培养具有强大专注力的能力。如果你感到过于吃力，就适当放松一下，但总体上要维持向前推进的状态。万事开头难，但日积月累下来总会熟能生巧。以高度专注力的标准来要求自己，最终你会实现这个目标。我建议你在自我宣言中加上几行字，比如立志锻炼出不可动摇的专注力的誓言，以及每日的锻炼计划，这样会事半功倍。

> 你的梦想如此重要，它不能输给分心。
> 你的梦想如此重要，它不能输给舒适。
>
> ◀ ◀ ◀ MIRACLE MORNING MILLIONAIRES

在专注的状态下，我们每天能轻而易举地完成最为重要的工作，而所花费的时间之短却会超乎你的想象。就在今天，或接下来的 24

小时内，你要设定一份 60 分钟的计划，将专注力集中于目前最为重要的任务之上，随后你就会被自己的高效所震惊。

到目前为止，你已经将正确的行动和强大的专注力加入你的"成功套餐"之中。当你完成下文中列举的步骤之后，你的致富技巧和"S.A.V.E.R.S. 人生拯救计划"就会得到大幅提升和完善，而你也将进入一个前所未有的领域！

我的建议是，牢牢记住实践三中关于专注力培养的方法，它会让你一生受用无穷。

第一步：选择或打造一个能够激发你专注力的场所。如果你能在公共场所中（如咖啡店等）捕捉到最佳的专注力，那就在你的日程中设置一段"星巴克专享"时间。如果你将场所选在家中，请看下一步。

第二步：清除物质和精神上的杂乱。可以利用半天的时间制订一个清理工作区域的计划作为开始。随后，清空大脑中所有的思维垃圾。在电脑、手机或日志中建立一份核心的待办事项表。

第三步：规避所有的打扰，包括来自你本身的（关闭手机的消息提示功能）和来自他人的（将手机调至"免打扰"模式）。在既定的时间模块中，让大家知晓你恢复联系的时间，以及你需要独处的时间。

第四步：着手打造专属于你的"专注力"清单。在日志、手机或电脑的记事本中逐项列举以下内容：

◎ 哪些事是我应该坚持做的（或做得更多的）？

◎ 哪些事是我应该开始启动的？

◎ 哪些事是我应该立即停止的？

把所有在头脑中闪现的灵感都记录下来。时常回顾你的待办事项清单，想想哪些活动是可以利用外部资源，或可经由别人代办的。反思一下，你花在有利于商业发展、增加收入的活动上的时间究竟够不够？在你搞清楚自己应该采用哪些有利的计划之前，要反复钻研这些问题，并将自己每日的行为归纳成时间模块，这样就能将80% 的时间都集中于重要的事情之上。其他的次要任务，就交给别人去做吧。

截至目前，你已经掌握了将"S.A.V.E.R.S. 人生拯救计划"融合到工作、个人生活的方方面面的技巧。你最好每天早晨拨出一段时间，用来践行上文中这几条个人成长实践。

现在，是时候利用清晨的时段来达成你的百万富翁目标了！

奥布里·马库斯（Aubrey Marcus）

全球颠覆性营养保健品牌 Onnit 创始人兼 CEO

奥布里在每天清晨的前 20 分钟内，会以水、蓝光、运动这三个元素来唤醒自己。

在他的畅销书《拥有一天，拥有人生》（*Own the Day, Own Your Life*）中，他是从补充水分和补充睡眠期间流失的矿物质开始自己的一天的。他将自己设计的饮料称为"晨间矿物质鸡尾酒"，主要成分包括 12 盎司（约 340 克）的过滤饮用水，3 克海盐和适量的柠檬汁。

随后，他会全身沐浴在蓝光之下，来调整自身的昼夜节律。蓝光来自太阳光照或人工蓝光仪，比如 Valkee 公司生产的"人体充电器"。

最后，他会通过轻微的运动，比如一分钟运动来唤醒身体的内部系统，从而保证在一天之间维持最佳的状态。

最值得骄傲的，
莫过于拥有一段为梦想打拼的经历

在我刚刚开启这段旅程的时候，我还不具备以下这些特质：

◎ 富有

◎ 目标明确

◎ 积极主动

◎ 有条理

◎ 高效

◎ 早起

如果我继续列下去，这个清单还会更长。不过重点在于：作为一个年轻人，我和百万富翁之间简直就是云泥之别。每当我回过头去看那个年轻的自己，都能体会到一种滑稽和震惊相互交织的感觉。有的时候，在回看自己的人生时，都会有种恍如隔世之感。

举例来说，年轻的我从不会在闹钟响起的时候准时起床，闻鸡起舞则更不可能。过去的我也不会在晨间散步之后迫不及待地开启"S.A.V.E.R.S. 人生拯救计划"。换句话说，那个年轻的我根本不具备任何能成为百万富翁的特质。

但最终我还是成功了。通过"S.A.V.E.R.S. 人生拯救计划"，我最终变成了有钱人。

哈尔说：生活是件易碎品，请用"神奇的早起"呵护它

对于那些仍旧心存疑虑的读者，我想说：其实我也做不到一年 365 天都完美地实践"神奇的早起"晨间流程。我也只是个普通人，不是什么天赋异禀的大师，但我却对提升自己有着非常浓厚的兴趣。

一年之中，我可能只花 100 天的时间去坚持这一晨间流程。在其他的日子里，我会将它进行部分的变通，比如因时制宜地开发"简化版"。当然有的时候，我也会犯"以次充好"的糊涂。不过我最近一直在熬夜，每天晚上能按时上床就已经是奇迹了。

不过在这些时候，我依旧不停地提醒自己：生活是一件易碎品。

如果我丧失了对清晨时间的控制权，就会在接下来的一天内接连溃败，这是一种滚雪球效应。我的情绪会变得易怒，精力水平也大不如从前。无论做什么，都会晚一步，内心也是波澜起伏，难以平静。我不喜欢这种溃败的感觉，毕竟，我有多少可以输掉呢？我不知道，但我不喜欢这种感觉。

每当我感到一天的时间将在我面前过去的时候，我会闭上眼睛，告诉我自己：到明天就好了，一切都会变得不同。

你猜怎么着？还真是这样。每当我想到一个清晨、一天，甚至整个人生都是易碎品的时候，我就能回归到"神奇的早起"的正轨上，做出正确的选择。

很简单：你并不需要做到完美。实际上，你甚至可以不用尝试变得完美。你所需要做的，是变得更好。

为了让你的"神奇的早起"计划变得更加有效，你只需要每天进步一点点。这就像复利计息一样，总会积少成多的。

大卫送给你的致富箴言：
最深处的致富动因，就是自身的成长

如果你还没有看清楚这个问题，我就再帮你分析一遍，仅仅凭借早起是无法成为百万富翁的。这个世界上有成千上万的人一生都是早起晚归拼命工作，却连房子都买不起。你应明白，早起并不能成为致富的保障。

但"神奇的早起"是有用的，"S.A.V.E.R.S. 人生拯救计划"也是有用的。这本书中所有关于财富的思维框架都是有用的。

我来告诉你为什么。

致富就像是一条路，虽然是老生常谈，但确实没错。极少数人才能一夜暴富，这些人一般会付出常人难以想象的代价。而大多数人则会走上一条漫长但有趣的致富之路，随着时间的流转去积累财富。

在这条路上，你会看到醒目的路标，像自主创业、购买房产或学会利用杠杆撬动财富等。但这些路标只是表面现象，隐藏在最深处的致富动因，就是自身的成长。

你可以尽情地质疑和求证，但我认为，你不大可能会找到没有经历过任何自我发展而白手起家的百万富翁。他们都走过相同的道路，就是自我进步和学习之路。当我回首往事的时候，我意识到，自己也不能例外。只不过，现在的我比过去更优秀而已。

当我回顾自己的致富之路的时候，我意识到，其实我做了一笔交易。我把曾经的我（那个喜欢睡懒觉、胸无大志的我）换成了现在这个崭新的我。曾经的我在这条路上学到了很多。感谢早起赐予我的神奇力量，支撑着我走完这条学习之路。现在的我，已经完全放下了过去的我，转而拥抱新生。

究竟"神奇的早起"是如何奏效的？一句话总结就是：因为它为你提供了足够的时间和正确的方法，来造就更好的自己。它让你放弃了曾经的自己，成为你渴望成为的那个人。

清晨时间对我们来说是绝对公平的。虽然我们都各有所长，有不同的天赋、背景、优点和缺点。但绝对公平的是，我们每个人的每一天都是从清晨开始的。只要你还活着，都能在每天伊始公平地享受晨间时光。而一个个的早晨，既能帮助你创造自己的梦想，也能将你埋没在美梦中。路该怎么走，你们自己挑。

值得庆幸的是，明天已经不远了。那么在明天来临之时，你又会做出什么样的选择呢？

祝你们幸福、健康、富有。

30天"神奇的早起"挑战：习惯培养三段法

《早起的奇迹》真的能在30天之内，让你的人生或事业的任何一个领域产生翻天覆地的变化吗？它真的能在如此短暂的时间内产生如此明显的效果吗？

在开始之前，你必须了解有成千上万的人已经借此获得了成功。既然这本书对他们奏效，那你也不会例外。

养成或改变任何习惯都需要时间的积累，千万别指望第一天就能看到什么改变。不过如果能坚持不懈地用"神奇的早起"流程和"S.A.V.E.R.S.人生拯救计划"来开启一天的生活，就能在很短的时间内养成良好的基础习惯，从而使其他的改变成为可能。要记住，清晨是一天的决胜期。赢得清晨，就能赢得高效的一整天。

万事开头难，最初的几天肯定是最难熬的，但也只是暂时的。虽然关于"习惯的养成究竟要花多长时间"这个问题的争议一直没有停止过，但至少已经有数十万人学会了如何去征服赖床的诱惑，每天坚持"神奇的早起"流程而获得成功。也就是说，在一个月内培养习惯的"三段法"确实是有效的，这一点有几十万名读者可以证明。

下文中展示的"三段法"虽然饱受争议，但确实至简高效，能在 30 天之内帮你养成新习惯。它不仅能重建思维模式，还能给你一个清晰的步骤，帮你建立专属于自己的完美流程。

阶段一（第 1~10 天）：难以忍受

一种新的行为模式的建立，需要从建设伊始就付出大量的努力，早起的习惯也不例外。在第一个阶段内，想要推倒以往数十年建立起来的晨起习惯，你需要大量的意志力来作为支撑。

这个阶段是意志力与惰性的对抗，一旦漫不经心，必会导致失败！赖床的习惯会让你失去蜕变为意志力超人的机会。请务必全力以赴，坚持到底。

若你能咬牙坚持下来，就能探知自己的极限。你要继续努力，不忘愿景，坚持下去。相信我，以及成千上万的成功"晨型人"，你能做到。

在第一个阶段中，最难过的是第 5 天。你会发现若想成为成功、高效的"晨型人"，你还需要再忍受 25 天的折磨。但你也要意识到，当你挨到第 5 天的时候，第一阶段就已经过去一半了，而你依旧安然无恙。记住，这种无法忍受的感觉只是暂时的。虽然现下对自己有些亏欠，但当你获得最终结果的时候，绝对足以补偿之前忍受的所有痛苦。

阶段二（第 11～20 天）：感到不适

首先，欢迎你来到第二阶段。你的身体和大脑应该对早起的概念形成了熟悉的认识，你也能感受到，早起并不像之前那样痛苦了，但它还谈不上是一个成熟的习惯。它还没有刻在你的骨子里，还不是一种理所当然的习惯。

在第二阶段，你所面临的最大的诱惑，就是给自己一个奖赏：比如在周末睡个懒觉。如果你在周六日选择放纵自己，就会发现接下来的周一格外难挨，这种体会在第二阶段刚刚开始的时候尤其明显。

在"神奇的早起"社区中，最常见的问题是："大家一周要安排几次'神奇的早起'呢？"而最常见的答案则是"一开始，我会在周末暂停几次。但在偷懒之后，总会有一种负罪感萦绕不散，就好像浪费了一次体验'神奇的早起'的机会。因此，我每周要安排七天"。

最终，你不会感受到任何的压力。你的身体会自动选择去做正确的事情，并将精力集中于你所取得的进展。

在第二阶段中，最好的消息就是第一阶段已经结束了。你已经走过了最艰难的阶段，继续前行就好了。要是为了偷一两天懒而前功尽弃，从头再来，岂不是得不偿失吗？相信我，千万别松劲。咬紧牙关，继续坚持。

阶段三（第 21～30 天）：停不下来

如果坚持到这个阶段，那么早起就不仅仅是一种习惯了，它已经成为你人生的一部分了。此刻，你的身体和大脑已经适应了这种新的生活方式。在接下来的 10 天中，你的目标就是把这个习惯融入你的灵魂之中。

在你进行"神奇的早起"晨间流程的时候，你将会对习惯培养三段法产生更为深刻的认识和体会。这也就意味着，你可以以此类推，养成任何你需要的好习惯，当然也包括本书中所提到的，成为百万富翁所必须养成的各种习惯。

现在，你已经完全学会了在 30 天之内培养新习惯的至简高效的方法。为了尽快完成 30 天"神奇的早起"挑战，你需要开始着手进行以下工作。

30 天后，崭新的开始，崭新的自己

当你下定决心完成 30 天"神奇的早起"挑战的时候，你就已经为你未来人生的各个领域奠定了成功的基础。通过每日早起，执行"神奇的早起"晨间流程，你将以前所未有的自律力（帮助你恪守自己的承诺）、明晰的思维（帮助你专注于最重要的事项）投入生活，实现跨越式的个人发展（可能是你成功道路上最重要的决定性因素）。在接下来的 30 天中，这个基础会帮助你蜕变出理想的人格，让你拥有卓越的个人、专业和理财能力，助力你的成功。

你对"神奇的早起"的看法也会大为改观：它不再是一个停留在纸面上的概念，而是一个让你跃跃欲试、激动万分甚至紧张的习惯。它能帮你成为理想中的自己，创造你梦想的生活，使你完全发

挥出自己的潜力，在未来的愿景中看到前所未有的人生。

在完成挑战之后，你不仅收获了一个好习惯，还能由内而外地形成受用终生的积极思维框架。通过每天对"S.A.V.E.R.S. 人生拯救计划"的实践，你能够充分体验心静、自我肯定、具象化、锻炼、阅读和写作在身体、心理和精神上给你带来的三重助益，有效减少各种压力，使你更专注于幸福、激情的新生活。同时，你也能创造更多的精力、更清明的视角、更持久的动力，督促自己向着人生的最高目标和远大梦想不断前行。

你要记住，只有当你蜕变成那个理想中的自己之后，你的人生才能得到改善。这也是我们在接下来的 30 天内努力实现的——一个崭新的开始，和一个崭新的自己。

最后三步！

如果你对能否坚持 30 天感到紧张、犹豫、担忧，那大可不必，放松下来，这些都是正常的表现。这表示，你准备对过去无法鼓起勇气早起的自己宣战。实际上，这些表现不仅正常，而且还是一个好兆头！如果你感到紧张、犹豫和担忧，这正说明了你已经有了力行改正的觉悟。否则，你绝对不会感到紧张。

步骤 1："神奇的早起 30 天改变人生大挑战"快速指南

在《早起的奇迹：那些能够在早晨 8：00 前改变人生的秘密》一书中，有"神奇的早起 30 天改变人生大挑战"快速指南，里面有配套的预备练习、自我肯定宣言、每日清单、跟踪表，以及其他能帮助你快速开展"神奇的早起"30天挑战计划相关的各项资源。请在开始挑战计划之前务必做好准备。

步骤2：为明天的第一次"神奇的早起"做好计划

如果你还迟迟没有行动，那么一定要尽快着手计划专属于你的第一个"神奇的早起"，最好能从明天开始。没错，将它记录到你的日程表中，并确定好在何处开始。

请记住我的建议：起床之后你要立即离开卧室，离床越远越好，彻底断绝睡回笼觉的念头。每天，我都会在起居室的沙发上完成"神奇的早起"晨间流程。每当此时，我的家人还在床上蒙头大睡呢。

我也听说，有人会在户外（如门廊、甲板或附近的公园等自然环境中）开启晨间流程。总之，只要是能让你感到舒适，且无人打扰的地方，都可以作为开启晨间流程的最佳场所。

步骤3：阅读快速指南第一页，开始锻炼

阅读"神奇的早起30天改变人生大挑战"快速指南的说明部分，并根据指引来完成预备练习。正如其他活动，我们都需要事先稍微做一些准备。锻炼的环节十分重要，但最好不要超过一个小时。你要记住，只有在心理、情感和逻辑上做好万全的准备，才能彻底发挥"神奇的早起"的全部功用。你可以参照第一部分中的早起五步法来做好事前准备。

步骤 3.1：寻找一个可靠的伙伴

毋庸置疑，"责任制"和成功之间存在着强烈的相关性。虽然大多数人会为强加在身上的责任感到不适，甚至不满，但来自他人的监督和支持确实要比自我监督来得更为有效。有一个靠谱的伙伴会让我们在实现成功的道路上事半功倍。我强烈建议你在自己的社交圈内选择相关人士来担任这个角色，比如家人、朋友、同事或其他关系密切的人，并邀请他们加入你的 30 天"神奇的早起"挑战。

寻求伙伴的帮助不仅能提高你坚持计划的可能性，更重要的是，人多乐趣也多！当你决定坚持某事的时候，激动的心情和个人承诺都能为你提供坚持到底的力量。如果人生中有对你意义非凡的人（朋友、家人或同事）在身边陪伴的话，这份力量自然也就更为强大。

就在今天，向你心目中的人选去电、发短信或发送电子邮件，邀请他加入你的 30 天"神奇的早起"挑战。更为快捷的方式就是给他们发送 www.MiracleMorning.com 的链接，帮助他们免费获得"神奇的早起"快速启动包，其中包括：

◎ "神奇的早起"免费章节。
◎ "神奇的早起"免费培训视频。
◎ "神奇的早起"免费培训音频。

是的，以上资源全部免费。其中"神奇的早起"免费章节已经包含在本书附录中，"神奇的早起"免费培训音频也已经有了中文版，中国的读者可以扫描本书封底的二维码索取。寻找一位与你志趣相投且同样决心提升人生层次的伙伴，这样你们就可以相互支持、鼓励与监督。

请注意，不要一直等找到了伙伴才开始进行"神奇的早起"。请以最快的速度开始进行"神奇的早起 30 天改变人生大挑战"。无论你能否找到同伴，我都建议你明天就开始执行。不要等待，不要犹豫。当你提前开始体验时，就能更好地启发后来的同伴。

不用一个小时，他们就能做好准备加入你的挑战。

你想将生活或工作提升到什么层次？为了达到那个层次，你需要改变哪些方面？投入 30 天，一步一步地行动，全面改变自己的人生吧。无论你的过去如何，你都能改变现在、创造未来。

你将会和亲密之人共同奔赴人生的另一个崭新的阶段。你们将会互相支持、鼓励，并且互相承担起责任。

重点：别等找到同伴之后再开启"神奇的早起"晨间流程和 30 天"神奇的早起"挑战。我强烈建议你明天就开启"神奇的早起"之旅，无论你是否孤单一人，千万别等。现在就开始，然后尽快邀请朋友、家人或同事一起参与进来。我敢保证，他们在一个小时之内就能成为你值得信赖的可靠伙伴，并帮助你一起改变你的人生。

对于你来说，你的个人生活和职业生涯的下一步究竟是什么？为了达到这个目标，你人生之中还有哪些是有待提高的？

现在，就用 30 天的时间作为代价，为你更进一步的人生做一笔有意义的投资。无论你的过去究竟如何，你总能通过改变现在，去改变未来。

奇迹公式：
实现一个又一个具体的、可衡量的目标

迄今为止，你应该已经从大卫·奥斯本那里学到了不少东西：你可以早早起床，维持高水平的精力、引导专注力并逐渐掌握成为百万富翁的秘诀。但如果你能在生活的各个领域继续实践下文中的活动，就能获得更高层次的成功，实现真正的卓越人生。

我将为你呈现的是"奇迹公式"，它会是你实现进一步飞跃的有力工具，建议你务必要将其收入囊中，深入研究。

这个所谓的"奇迹公式"帮助我成功扮演了各种角色（销售员、朋友、伴侣和家长），并从各个方面激发了我的潜能。我的一位导师，丹·卡塞塔（Dan Casetta）曾经教导过我："我们设置目标的目的，并不是为了实现目标，而是让我们成为能够实现目标的人。因此，我们在追逐目标的过程中付出所有，尽管没有实现目标，但也是值得的，因为追逐的过程才是最重要的。"

即便你追求的是一个看上去无法实现的目标，虽然失败的概率很高，你仍然会在此过程中变得更加专注、坚定、深谋远虑。一个充满野心的目标，最能让你看清自己。

两个看似简单的决定，创造改变人生的奇迹

对于我们遇到的每一个挑战，都需要根据目标去做出相关的决策。你可以为自己设定一个截止时间，通过不断询问来督促自己尽快做出决定，如"如果想在截止时间之前实现目标，我究竟需要提前做出怎样的决定？"

你会发现，无论设置的目标如何，有两个决定因素总会对目标的实现产生最为深远的影响。而这两个决定因素，就是"奇迹公式"的重要变量。

第一个决定：坚定不移的信念

曾经有一次，我费尽心机想要达成一个看似难以实现的销售目标。虽然这是我在经商期间亲身经历的一个案例，但接下来我会向你证明，它可以适用于任何场合。那段时间我压力很大，每天都面临着恐惧和自我怀疑，但我的大脑却一直强迫自己去实现这个难以企及的目标。为此，我必须放下对结果的执念，每天培养自己坚定的信仰。

在那段时间里，我质疑过自己，告诉自己即使在这个目标上费尽心力、不计投入，最终也很可能是竹篮打水一场空。但正是在这个

过程中，我成功地跨越了自我怀疑，对自己建立了牢不可破的信仰。

为了帮自己建立起牢固的信仰，我不断在心里反复默念着自己的"奇迹口诀"：

无论怎样，我都要 _____（实现我的目标），我别无选择。

你要了解，坚持坚定的信仰并不是什么轻易之举，只有极少数人才能做到。当事情的结果不如人意、与预期相差甚远的时候，普通人可能会随时丢弃信仰。当比赛临近尾声，甚至败局已定的时候，只有顶级的运动员，就像迈克尔·乔丹（Michael Jordan）才会不假思索地告诉队友："把球传给我。"

而其他队员则会长舒一口气，因为他们仅凭乔丹的一句话就能从输球的阴影中解脱出来。乔丹的身上，是他职业生涯中无数场比赛中历练而出的坚定的信仰。虽然乔丹曾在 26 场比赛中错失绝杀的机会，但他的信仰依旧是不可磨灭的。

这就是成功人士做出的第一个决定，希望你能谨记于心，并在合适的时间效仿。

在我们朝着某个目标前进，却感觉自己偏离正轨之时，你脑海中冒出的第一个念头是什么？往往是：你会错过曾经渴望的结果。然后，你就会在脑海中消极地自言自语：我偏离了正轨，可能永远无法实现目标。随着时间的流逝，你的信念也在逐渐萎缩。

虽然这是人之常情，但你绝不能仅限于此。你要记住，无论如何，你都拥有着坚持信念的能力和意志。在你追求财富的道路上，很多时候结果并不会完全符合你的预期。你可能会有各种各样的遭遇，像怀疑自我，在工作和生意上屡屡碰壁；在生命的至暗时刻，你会觉得前途黯淡无光。但即便屡屡碰壁，也要上下求索，要相信成功的可能，并在旅程中坚守信念，无论是月度销售目标还是 30 年的经商生涯，都要同等对待。

积累财富如此，其他高成就的目标亦是如此。如果你忽视了这个决定性的因素，就会发现你的专注力很容易被失败所吸引，从而偏离成功的正道。

顶级球星会对自己投出的每一个球都报以绝对的信念。这种信念也是你应该抱有的信仰，它并不是基于概率而生的，而是基于一个被大部分销售人员都称为"平均法则"的概念而生的。不过在本书中，我们所讨论的是一个"奇迹法则"。在屡投不中的情况下，顶级球星会告诉自己：无论如何，我也要投出下一球，我别无选择。你也要这样勉励自己，在心中默念那段"奇迹口诀"：

无论怎样，我都要 _____（实现我的目标），我别无选择。

然后，你需要对"口诀"的诚信度提供支持，并做好自己承诺的事。

顶级球星也会在赛场上遇到职业生涯的滑铁卢，在比赛的前四分之三时间内，他们可能无法找到进球的机会。但在最后的四分之一场，也是球队最需要他们的时候，他们会崛起，带领队伍反杀。他们接过一个个传过来的球，带着必胜的信念投球。最终会在最后四分之一的时间内得到前四分之三场三倍的得分。

为什么？因为他们一直坚信无论记分牌的结果如何，无论曾经的战况如何，他们总能凭借自己的天赋、技术和能力，带领球队化险为夷。

他们也会综合利用坚定的信仰与"奇迹公式"的另一个要素，以得到最好的效果。另一个决定，就是非同常人的努力。

第二个决定：非同常人的努力

当树立起坚定的信仰之后，随之而来的必然是为之付出的非同常人的努力。毕竟一个不现实的目标，即便树立起来也没有什么意义。你可能会突然间产生一个想法：光是应付现有的事情就已经耗尽心力了，为什么还要制定一个根本够不到的目标呢？

我有过多次类似的个人经历。筋疲力尽的我在不断思索，这种尝试的意义是什么呢？而你可能会想：我根本不可能做到。我的财务状况已经偏离正轨，捉襟见肘了。

而这时，你需要的就是非同常人的努力。你需要将专注力集中于最初的目标，并联系未来的愿景。你需要为实现目标优化你的精力建设。不妨扪心自问：如果我想在这个月底实现目标，到底应该做什么？我必须要做什么？

无论问题的答案如何，无论结果如何，你都需要保持专注，坚持不懈，要相信自己能取得最终的胜利。而在此之前，你必须投入坚定的信仰和非同常人的努力，这才是为奇迹的发生创造机会的唯一办法。

但如果你被人类的天性所战胜，为图一时的安逸而选择平庸之人所走的道路，那结果也必然是平庸的。千万别让自己沦为平庸之辈！请记住：你的思维和行为会产生相应的结果，这是一个自我实现的过程。因此，必须谨慎明智地对待这个问题。

接下来我将介绍一些实战策略技巧，来确保你的目标能完美实现。

把你的"奇迹口诀"变成信仰

坚定不移的信念＋非同常人的努力＝改变人生的奇迹

这个等式其实很简单，简单得超乎你的想象。建立坚定信仰的秘诀就是，你要识破它的本质：它是一种思维模式，是一种策略，而不是物质形态。

实际上，信仰是难以捉摸的。没有一个销售人员在销售过程中能做到万无一失。在工作、事业，甚至家庭生活中，不可能每件事都是一帆风顺的。因此，你必须对自己的想法进行重新编程：无论结果究竟如何，你都要建立起坚定不移的信仰，并持之以恒地付出非同常人的努力来达成自己的目标。

要记住，成功的关键就是将"奇迹公式"运用到实践中。而保持信仰的诀窍，就是运用好你的"奇迹口诀"：

无论怎样，我都要 ＿＿＿＿＿（实现我的目标），我别无选择。

一旦你制订了一个计划，就将它融合到自己的"神奇的早起"流程之中。没错，每天早上你都需要大声诵读自我肯定宣言，可能每晚也需要。在全天之中，甚至每一天，都要不断地重复"奇迹口诀"给自己听。在开车送孩子上学的路上、在去上班的地铁车厢里、在跑步机上、在浴室里、在商店排队结账的时候，换句话说，无论你去哪里，都要在心中默默地重复这个口诀。

你的"奇迹口诀"会不断加强你的信念，而你所需要的，只是一遍又一遍地重复而已。

你值得而且应该成功

还记得我从导师丹·卡塞塔那里学到了什么吗？你必须要成为那种能够实现目标的人。

虽然有时候设定的目标确实无法实现，但你却可以成为不断攻坚克难、实现非凡目标的不凡之人。这对你的孩子来说又是多么宝贵的一课！

尽管，实现目标几乎算不上是最重要的结果（记住，是几乎！），但我们往往能够实现目标。即便是顶级球星也能确保每场比赛稳赢吗？不能。但他们往往会赢，你也是。

从现在开始，你可以每天早起，带着兴奋与激情完成你的"S.A.V.E.R.S. 人生拯救计划"的流程，让自己变得井井有条、更专注、更有目标，像冠军一样沉着面对每一个挑战。但如果你不能将坚定的信念和非同常人的努力相结合，就永远无法企及你所渴望的胜利。

"奇迹公式"能帮你获取到人类不可预知的力量，我们往往将其形容为"上帝""宇宙""吸引力法则"或"好运"。我也不清楚它的作用原理，但它的确非常奏效。

鉴于你已经读到这里了，很显然，你对成功的渴求甚于其他。在追求成为百万富翁的道路上，你必须要严格遵守所有的规则，包括我们刚刚提及的"奇迹公式"。它是你应得的，我也想让你拥有并运用它！

付诸行动

1. 写下"奇迹公式"——坚定不移的信念＋非同常人的努力 ＝改变人生的奇迹（或缩写为 UF ＋ EE ＝ M ∞），并把它贴在你随时能看到的地方。

2. 找准你今年在致富道路上最重要的一个目标。想象一下，为了不断接近你理想的生活，哪个目标才是当务之急？

3. 写下你的"奇迹口诀"：无论如何，我都要 _____（写下你的目标和每天的行动计划），我别无选择。

在此过程中，你能成为怎样的人，这才是至关重要的问题。你要不断增加自信，无论结果如何，都要不断尝试。可能就在下次，你就会成为全力以赴、成就自我的非凡之人。

未来的你，会感谢现在全力以赴的自己

恭喜你！你完成了极少数人才能完成的壮举：读完了一整本书。如果你已经读到了这一行字，让我来告诉你个秘密：你对自己的现状并不满意，你渴望得到更多。你想要成为一个更强、更完美的人，想要做得更多、贡献更多、收获更多。

你获得了将"S.A.V.E.R.S. 人生拯救计划"融入日常生活和工作的机会，如果将流程不断升级，你就能获得人生顶级体验，实现你最疯狂的梦想。你将会在不知不觉中获得卓越的习惯带来的巨大辅益，助你的人生飞黄腾达。

从现在开始的 5 年之内，你能成为怎样的人，将会直接影响你的家庭生活、事业、人际关系和收入。能否每天坚持早起，将额外的时间用于自我提升，这完全取决于你。抓住即将流逝的每一秒钟，为未来设定清晰的愿景，运用你在本书中所学到的知识，将愿景变为现实。

想象一下，几年之后那个成功的你偶然翻阅到你初读本书时做下的笔记。你在其中找到了当时自己一笔一画写下的目标——那些你当时羞于说出口的梦想。当未来的你环顾四周时，就会发现曾经的梦想早已变成了身边的现实。

现在，你已经站在了大山的脚下。你所需要做的，就是每天坚持早起，反复演练"神奇的早起"晨间流程，将"S.A.V.E.R.S. 人生拯救计划"成年累月地付诸实践。总有一天你会发现，你和你的家庭已经成功抵达了前所未有的崭新领域。将"神奇的早起"流程和财富创造课程、"奇迹公式"结合起来，你就能获得大多数人梦寐以求的成功结果。

我在本书中记载了许多对你行之有效的获得成功的方法，它们会让你人生的各个方面更上一层楼，其速度之快会超出你的想象。卓越之人并非是天生的，只是他们毕生都致力于自我发展之中，来获取他们渴望的一切。

而你也能成为其中的一员，我保证。

"神奇的早起"曾帮助成千上万的人改变了人生，现在轮到你了。如果你是中国读者，你可以扫描封底下方二维码加入"早起俱乐部"社群。就从今天开始吧。

据我所知，《早起的奇迹》在全世界有超过 15 万志趣相投的读者和实践者，他们组成了一个非凡的社区。每天早上，他们都带着目标从睡梦中苏醒，激发自己内心深处的无限潜能，并帮助他人达到相同的目标。

作为《早起的奇迹》一书的作者，我认为自己有义务建立一个在线社区，以便读者们紧密联系，互相鼓励、支持和分享。他们既可以讨论书中内容、上传视频，还可以寻找靠谱的伙伴，甚至可以共享沙冰配方和健身课程。

然而，我并没有预料到，"神奇的早起"社区竟能跻身于世界上最积极、最忙碌，也是呼声最高的在线社区之中。但事实就是这样。虽然我的读者遍布 70 多个国家，且这个数字仍在每日递增，我仍会被读者们的高水准和人格力量所震惊。

请登录 www.MyTMMCommunity.com 提交申请，并在 Facebook

上关注"神奇的早起"社区，就能立即和 15 000 多名的"神奇的早起"实践者互动。你不仅会发现不少刚刚起步践行晨间奇迹的新手，也会结识很多坚持数年，愿意与你共享经验，提供支持引导的老玩家，助你加速实现成功人生。

为了方便中国内地读者，《早起的奇迹》中文简体版出品方中资海派还特地在中国的社交网络上成立了"早起俱乐部"。这个社群延续了我所创办的早起俱乐部"积极、正能量、鼓舞人心且负责任"的精神——在这里，伙伴们每天共同坚持早起打卡，积极参与早起共读直播和其他活动，向书友们分享自己的读书心得与成长经验。他们的热情与能量深深地感染了我，更加坚定了我向世界不同地方推广早起这个使命的决心。你可以现在就扫描封底下方的二维码，加入中国读者的早起俱乐部！

你也可以关注《早起的奇迹》中文简体版出品方中资海派的微信公众号"中资海派文化"，输入"早起的奇迹"加入早起俱乐部，了解更多我的图书及活动咨询，观看我为中国读者拍摄的视频。期待未来我也能来中国与你见面！

致以最真诚的感谢

哈尔

"死"过两次的人生赢家：哈尔·埃尔罗德

哈尔·埃尔罗德目前正积极投身于"每早一次，提升人文关怀意识"的项目之中。作为全美排名较高的演讲家之一，哈尔还建立了世界上人数增速最快、用户最活跃的网络社区。他所撰写的《早起的奇迹》一书在畅销榜上长居不下，并被翻译成了 37 种语言，在亚马逊收获了 2 700 多个五星评价。每天，来自 70 多个国家的超过 50 万名读者都在按照哈尔介绍的方法度过自己的"神奇的早起"晨间流程。这些，都是他当下的工作。

哈尔的成功源于他 20 岁时一场严重的交通事故。当时他被一辆由酗酒司机驾驶的时速 70 英里的卡车撞倒，断了 11 根骨头，进入"临床死亡"状态 6 分钟，被医生判定为永久的脑部损伤。昏迷 6 天之后，他清醒了过来，但迎面而来的却是令人难以置信、万念俱灰的现实：医生告诉他，他可能永远也不能下地走路了。

哈尔毅然向医生的诊断宣战，并克服了常人眼中不可逾越的障碍。

最终，他不仅成功恢复了健康，还完成了 52 英里的超级马拉松，获得了世人瞩目的商业成就，而这一切都是在他 30 岁之前完成的。

随后，在 2016 年 11 月，哈尔再次在鬼门关转了一遭。他罹患了一种非常罕有的白血病，肾脏、肺脏、肝脏和心脏都处于衰竭边缘，存活概率不足 30%。但他咬牙撑过了人生中最黑暗的时刻，不仅战胜了癌症，还在事业上再创新高——他以制片人的身份正在筹划一部《早起的奇迹》纪录片。不过最重要的是，他和梦寐以求的佳人，也是他的妻子厄休拉·埃尔罗德（Ursula Elrod），以及两个孩子目前在得克萨斯州的奥斯汀正过着幸福的生活。

如果你想了解关于哈尔的演讲、活动、书籍、电影或其他相关信息，请登录 www.HalElrod.com。

心系社会的卓越企业家：大卫·奥斯本

大卫·奥斯本是全美第六大房地产公司的大股东，该公司有 4 500 余名房地产代理商，在 2017 年共成交 34 000 笔交易，累计达成 100 亿美元的销售额。他不仅投资了 35 家利润丰厚的地产实业，还是 Magnify 资本公司的联合创始人兼董事长，生意遍及加拿大和美国 40 多个州。同时，他还是《纽约时报》评选的畅销书《财富不等人》的作者。

大卫始终秉承着知识共享和回馈社会的原则，他是 GoBundance 的联合创始人及运营商，一直致力于为企业家提供卓越的人生体验。除此之外，大卫还是"此生无憾"（One Life Fully

Lived）非营利项目和"奥斯汀仁人家园"（Habitat for Humanity Austin）的董事会成员，还是老虎21组织富豪投资俱乐部成员之一。从抗癌到净水建设（致力于带领埃塞俄比亚妇女儿童脱离贫困），再到"一线希望"（致力于为戴尔儿童医院的患病儿童提供关怀）项目，他活跃于多种慈善活动。

在与美丽聪慧的特雷西·奥斯本（Traci Osbom）喜结连理之后，大卫目前膝下育有两女一子。如果想了解更多大卫的著作、演讲等信息，请移步 www.DavidOsborn.com 查询。

传奇作家：霍诺丽·科德

霍诺丽·科德是一位多产的作家，名下已经拥有数十本畅销著作，如《你必须写本书》（*You Must Write a Book*）、《成功作家》（*The Prosperous Writers*）系列、《像老板一样》（*Like a Boss*）系列、《从愿景到现实》（*Vision to Reality*）、《商务约会》（*Business Dating*）、《成功的单身妈妈》（*The Successful Single Mom*）系列、《离婚的规则》（*If Divorce is a Game, These are the Rules*）、《离婚涅槃》（*The Divorced Phoenix*）等。

她与哈尔因《早起的奇迹》丛书结缘合作。

凡是说"什么都懂，其实什么都不懂"的人一定从来没有见过霍诺丽·科德。霍诺丽在写作、出版和推广书籍的各个方面都达到了非凡的精通程度。事实上，我决定与霍诺丽合作出版《早起的奇迹》系列丛书是我做过的最好也是最赚钱的决定之一。如果你想让你的书不仅成为畅销书，而且为你的读者带来改变生活的影响，为你和你的家庭创造新的收入，没有人比霍诺丽更值得合作了。

——哈尔·埃尔罗德

霍诺丽始终致力于向商业奇才、作家和非虚构文学作者传授作品畅销、平台搭建和开发多种收入流的经验。她还做了不少神奇的事情，堪称业界传奇。你可以在她的个人主页 www.HonoreeCorder.com 上找到更多的信息。

共读书单

　　以下是历年来我们的读者推荐的各类兼具权威性和实用性的经典作品。

掌控人生

《时间管理的奇迹》（*Procrastinate on Purpose*）

让硅谷团队效率倍增的"认知"和"行动"实践指南

罗里·瓦登（Rory Vaden）

《向上的奇迹》（*Mojo*）

引领全球数十万人职场向上、生活向上、认知向上的奇迹之书

马歇尔·古德史密斯（Marshall Goldsmith）

《知道做到自学的科学》（*The Science of Self-Learning*）

任何学科都能很快学会，更少时间掌握更多的妙手学习法

彼得·霍林斯（Peter Hollins）

《知道做到快速获取新技能的科学》

（*The Science of Rapid Skill Acquisition*）

尽快掌握新兴的技术和信息，成为超专业化的跨界通才

彼得·霍林斯（Peter Hollins）

《野蛮进化》（*Relentless*）

乔丹、科比御用极限训练师首度公开"统治者"潜能激发心理学

蒂姆·S.格罗弗（Tim S. Grover）和莎莉·莱塞·温克（Shari Lesser Wenk）

《野蛮进化 2》（*Winning*）

赢家法则

蒂姆·S.格罗弗（Tim S. Grover）和莎莉·莱塞·温克（Shari Lesser Wenk）

致富之道

《富爸爸的财富花园》（*The Wealthy Gardener*）

普通人积累财富最值得收藏的传家之书

约翰·索福里克（John Soforic）

《财富流》（*The Millionaire Master Plan*）

顺应天性、顺势创富的底层逻辑

罗杰·詹姆斯·汉密尔顿（Roger James Hamilton）

《财富流（财富与幸福篇）》（*True Wealth Formula*）

顺应时代之势，构建体系化、可传承的财富自由系统

汉斯·约翰逊（Hans Johnson）

《**财富自由笔记**》（*Boss Up!*）

从白手起家到 40 岁之前创办 9 家公司，

一个"奇迹妈妈"可复制、可落地的商业实践

琳赛·蒂格·莫雷诺（Lindsay Teague Moreno）

《**财务自由笔记（小白理财实操版）**》

上班赚小钱 4 个账户赚大钱

高敬镐

心灵力量

《**轻疗愈：敲除疼痛**》（*The Tapping Solution for Pain Relief*）

情绪释放疗法疼痛疗愈分步指南

尼克·奥特纳（Nick Ortner）

《**感恩的奇迹**》（*Attitudes of Gratitude*）

让我们的眼睛再次看到平凡生活中的奇迹

M.J. 瑞安（M. J. Ryan）

《**感恩日记**》（*Gratitude diaries*）

每天 5 分钟书写感恩，练习爱的能力

贾尼丝·卡普兰（Janice Kaplan）

《**恰到好处的亲密**》（*Stop Being Lonely*）

写给互联网时代想要远离孤独的你

基拉·阿萨特里安（Kira Asatryan）

人文新知

《黑洞简史》(*Black Hole*)

从史瓦西奇点到引力波，

霍金痴迷、爱因斯坦拒绝、牛顿错过的伟大发现

玛西亚·芭楚莎（Marcia Bartusiak）

《物理就是这么酷》(*In Praise of Simple Pyhsics*)

玩转那些纠结又迷人的物理学问题

保罗·J. 纳辛（Paul J. Nahin）

《生命大设计》(*Beyond Biocentrism*)

重新思考人类在宇宙中的位置以及生命的存在与消亡

罗伯特·兰札（Robert Lanza）和鲍勃·伯曼（Bob Berman）

《基因、病毒与呼吸》(*Breath Taking*)

从肺的进化起源到呼吸的治愈力量

迈克尔·J. 史蒂芬（Michael J. Stephen）

《未来黑科技通史》(*Graphene*)

即将彻底改变人类世界的"万能新材料"

莱斯·约翰逊（Les Johnson）和约瑟夫·米尼（Joseph Meany）

《谁找到了薛定谔的猫》(*What is Real?*)

爱玻之争以来，鲜为人知的量子物理学百年探索史

亚当·贝克尔（Adam Becker）

哈尔·埃尔罗德的励志名言

◎ 早起是奇迹的源头，是你将思维、观念化作有形财富，将梦想、激情和天赋化作奔向财富的引擎。

◎ 早起的奇迹并不意味着你早起一个小时，然后度过更加漫长、更加辛苦的一天。它不在于你起得更"早"，而是起得更"巧妙"。

◎ 如果我在设定目标的时候精力充沛、乐观向上、自信满满，那么我坚持努力、实现目标的可能性就会大幅提升。

◎ 清晨是检验初心的试金石。它能每天为你创造空间，包括容纳你梦想、目标和乐观心态的空间，并时刻提醒你选择致富之路的原因，帮助你反复重温选择的重大意义。

◎ 追求梦想的同时热爱你现在的生活。选择其中一个并不代表你要放弃另外一个。

◎ 人生总是充斥着失望、磨难和否定，因此懂得爱自己也是非常重要的。如果你在生活中已经竭尽全力，那就千万不要妄自菲薄。

◎ 放弃追求完美，追求真实。即摆脱对完美的幻想，寻找真实的自我。成为真正的自己，爱真正的自己，别人也会爱真正的你。

◎ 你现在的人生既是暂时的也是你应该得到的。你走到如今是为了学到自己需要学习的事物，成为自己需要成为的人，创造自己想要的生活。

◎ 哪怕生活困难重重，当下也永远是我们学习、成长的最佳时机。

◎ 你和任何人一样都有享受幸福、健康、财富和成功的权利。你要坚信这一点，将它铭记在心，今天就采取必要的行动，创造自己想要的壮丽人生。

◎ 感恩你拥有的一切，接受你没有的一切，创造你想要的一切。

◎ 将今天变成自己人生有史以来最棒的一天，因为你没有理由不这么做。

◎ 你如今在什么地方取决于你是谁；但你将来会在什么地方则完全取决于你选择成为谁。

◎ 成为高影响力人士的首要技巧就是，真诚地让别人感觉自己是世界上最重要的人。

GRAND CHINA

中　资　海　派　图　书

[美] 哈尔·埃尔罗德　著

易　伊　译

定价：59.80元

扫码购书

《早起的奇迹》（全新升级版）

要么躺在床上等待生活的暴击
要么早起创造奇迹

　　你是否也想每天精力充沛地醒来，在人生的各个领域都创造你想要的改变？全世界数百万人已经证明，《早起的奇迹》能够帮助你成为梦想中的自己！

　　通过对人类潜能和个人发展的多年研究，哈尔·埃尔罗德开发出"S.A.V.E.R.S. 人生拯救计划"，帮助你获得非凡的自律力、明晰的思维和明确的个人发展方向。这一切只需要每天早上做6件事：心静（Silence）、自我肯定（Affirmations）、具象化（Visualization）、运动（Exercise）、阅读（Reading）和书写（Scribing）。

　　哈尔将带领你制订个性化"神奇的早起"方案，即使你不能早起 60 分钟，书中也提供了 6 分钟的快速版，就算早起一点点时间，你的人生都将大不同。

[美] 马歇尔·古德史密斯

马克·莱特尔　著

李凤阳　译

定价：69.80 元

扫码购书

《向上的奇迹》

在这个瞬息万变的时代，正向力对职业人士而言已经不是一种选择，而是一种必需

正向力（Mojo）是我们对当下正在做的事情，所抱持的一种由内向外散发出来的积极的精神。

马歇尔认为正向力渐行渐远，其最初的原因往往是人们无法接受现实并坦然面对人生，认识并调整4个核心因素能帮助你重新获得正向力。

- 破除限制性思维，提升对自己及周围环境的认知；
- 实现短期和长期目标，收获短期的满足感和长期的利益；
- 把"被迫改变"转换为"主动养成习惯"，真正学会内驱型成长；
- 面对人生的不确定性泰然处之，把时间用在能给你带来价值的事情上。

马歇尔还提供了正向力工具箱和正向力记分卡，解决你从职业选择到创业方向，从日常沟通到建立关系中的问题。本书还能教会你如何帮助他人提高他们的正向力。

中 资 海 派 图 书

扫码购书

《奇迹公式》

[美]哈尔·埃尔罗德　著

王正林　译

定价：59.80 元

《早起的奇迹》作者全新力作
风靡世界的个人成长图书

　　事实上，各行各业的成就者一直都在践行"奇迹公式"，即坚定不移的信念＋非同常人的努力＝改变人生的奇迹！但普通人却难以坚持。如何才能正确理解并持续执行这两个决定，使你的"可能"变为"必然"？哈尔分享了重要的经验：

- 利用每个具体的、可衡量的目标培养"奇迹专家"的品质；

- 调整人生优先级，建立"使命安全网"，为梦想保驾护航；

- 不再让"非理性恐惧"和"缺乏耐心"扼杀创造力；

- 定期复盘和调整，更新"自我肯定宣言"，确保能够坚持到底。

　　哈尔还提供了立竿见影的行动指南，你将借助"30 天奇迹公式挑战"制订一个循序渐进的月计划。你很快就会发现，没有什么目标遥不可及，从现在开始，你就能一次又一次创造奇迹！

[美]罗里·瓦登 著

易 伊 译

定价：49.80 元

扫码购书

《时间管理的奇迹》

彻底改变人生的全新思维攻略
迅速提高工作效能的行动手册

我们总是陷入繁忙的状态，给自己营造一种"我是个重要人物"的假象，而真正的成功人士不会提起自己有多忙，他们不仅肩负更重的责任，还拥有常人所不具备的高效能和自律力。

在《时间管理的奇迹》中，自律策略导师罗里·瓦登总结了全球 500 强和独角兽企业优秀的领导者、创业者和管理者运用多年的实用方法，分享了他独创性的三维时间管理优先矩阵与聚焦漏斗模型，这些理论和技巧都通过了残酷现实千万次的试炼与检验。

本书不仅将颠覆你长久以来对时间管理的认知，更能提升你对自己情感的管理能力，助你在快速变化、竞争激烈的时代摆脱迷茫与焦虑，向意义重大的目标主动迈进，真正提高工作效能，创造理想人生的奇迹！

中资海派文化
GRAND CHINA

READING YOUR LIFE

人与知识的美好链接

20年来，中资海派陪伴数百万读者在阅读中收获更好的事业、更多的财富、更美满的生活和更和谐的人际关系，拓展读者的视界，见证读者的成长和进步。

现在，我们可以通过电子书（微信读书、掌阅、今日头条、得到、当当云阅读、Kindle 等平台），有声书（喜马拉雅等平台），视频解读和线上线下读书会等更多方式，满足不同场景的读者体验。

关注微信公众号"**中资海派文化**"，随时了解更多更全的图书及活动资讯，获取更多优惠惊喜。你还可以将阅读需求和建议告诉我们，认识更多志同道合的书友。让派酱陪伴读者们一起成长。

微信搜一搜 🔍 **中资海派文化**

了解更多图书资讯，请扫描封底下方二维码，加入"中资书院"。

也可以通过以下方式与我们取得联系：

📖 采购热线：18926056206 / 18926056062   📞 服务热线：0755-25970306

✉️ 投稿请至：szmiss@126.com   🌐 新浪微博：中资海派图书

更多精彩请访问中资海派官网   (www.hpbook.com.cn >)